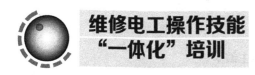

维修电工操作技能
"一体化"培训

仪器仪表使用及
电气元件检测

杨宗强　刘春英　主编

化学工业出版社
·北京·

图书在版编目（CIP）数据

仪器仪表使用及电气元件检测/杨宗强，刘春英主编．
北京：化学工业出版社，2014.9（2022.11重印）
（维修电工操作技能"一体化"培训）
ISBN 978-7-122-21288-7

Ⅰ．①仪… Ⅱ．①杨…②刘… Ⅲ．①电子仪器-使用方法
②电工仪表-使用方法③电气器件-检测 Ⅳ．①TM930.7
②TM506

中国版本图书馆 CIP 数据核字（2014）第 153710 号

责任编辑：宋　辉　　　　　　　　　文字编辑：汲永臻
责任校对：王素芹　　　　　　　　　装帧设计：王晓宇

出版发行：化学工业出版社（北京市东城区青年湖南街 13 号　邮政编码 100011）
印　　装：天津盛通数码科技有限公司
787mm×1092mm　1/16　印张 15½　字数 340 千字　2022 年 11 月北京第 1 版第 10 次印刷

购书咨询：010-64518888　　　　　售后服务：010-64518899
网　　址：http：//www.cip.com.cn
凡购买本书，如有缺损质量问题，本社销售中心负责调换。

定　　价：48.00 元　　　　　　　　　　　　　　　　版权所有　违者必究

前言
FOREWORD

　　为了适应专业知识和专业技能零起点从业者培训的需要，满足现代制造业对生产线上劳动者技能的要求，必须大力加强对新从业者基本技能的培训，提高他们的操作技能，为今后的发展打下基础。

　　维修电工是在室内、外，常温环境中，从事机械设备和电气系统线路及器件等安装、调试、维护、修理的人员。正确选用、使用工具和仪表是一名维修电工必须具备的基本技能。如果要熟练使用螺丝刀、尖嘴钳、偏口钳、剥线钳、压线钳等常用电工工具，那么就必须先了解清楚这些工具的用途和结构。使用电烙铁焊接元件，达到熟练的程度，获得合格的焊接质量，是一项需要不断练习才能习得的一种技能。正确识别和检测低压电器是一名维修电工必须具备的基本技能。如果想熟练使用万用表检测这些器件，就必须先了解清楚这些器件的用途和结构。使用万用表检测这些元器件的好坏，是一项需要不断练习才能获得的一种技能。掌握了这些知识和技能后，就可以开始动手做一些简单基本工作。

　　本书本着"学中做、做中学"的原则，遵循人的职业成长规律和学习规律，依据国家维修电工职业资格标准的要求，按照工作过程选择内容编写。

　　全书内容分上、下两篇。上篇主要从实用角度出发，以维修电工国家职业技能标准为依据，介绍一些电工、维修电工常用工具的用途、使用方法和结构。第1章常用电工工具，第2章万用表，第3章电工仪表，第4章示波器，第5章直流稳压电源与信号发生器。

　　下篇重点描述了怎样通过器件的外表特征、外壳上的数据辨识元件的方法，怎样使用万用表检测元器件的好与坏的技能。第6章低压电器元件识别与检测，第7章电子元件识别与检测，第8章电力电子器件识别与检测，第九章光电器件识别与检测，第十章集成器件识别与检测。

　　本书内容丰富，循序渐进，图文并茂，形象直观，文字简明扼要，通俗易懂，书中引用了大量实例，让读者由浅入深，逐步掌握维修电工所需要的基本知识和基础技能。

本书由杨宗强、刘春英主编，第1章由李建国编写，第2章由陈庆华编写，第3章到第5章由刘春英编写，第6章由杨振雷编写，第7章由季文会编写，第8章由侯丽娟编写，第9章、第10章由杨宗强编写，杨宗强负责全书的统稿。

本书的编写过程中得到了天津德畅科技发展有限公司霍春云、李庆生工程师的大力帮助，书中图片由刁雅芸整理，郑珺对书中文字进行了校对。在编写过程中得到了李杰、李广辉、张秀丽老师的大力帮助，在此表示感谢！

由于编者水平有限，难免有疏漏和不当之处，敬请广大读者批评指正。

编　者

目　录
CONTENTS

上篇　常用工具仪器仪表的使用

1　常用电工工具 ··· 3

1.1　旋类工具 ··· 5
1.2　钳类工具 ··· 6
1.3　验电器 ·· 10
1.4　电烙铁 ·· 12
　1.4.1　几种电烙铁 ·· 12
　1.4.2　选择电烙铁 ·· 14
1.5　焊接材料选择 ·· 15
　1.5.1　焊料 ·· 15
　1.5.2　焊剂 ·· 16
1.6　手工焊接 ·· 17
　1.6.1　手工焊接电烙铁的握法 ······························ 17
　1.6.2　手工焊接步骤 ······································ 19
1.7　手工拆焊 ·· 20
　1.7.1　手工拆焊原则及操作要点 ···························· 20
　1.7.2　手工拆焊方法 ······································ 20
1.8　焊点质量的要求 ·· 23
　1.8.1　对焊点质量的要求 ·································· 23
　1.8.2　焊点外观 ·· 23
　1.8.3　检查焊接项目 ······································ 24

2　万用表 ··· 25

2.1　指针式万用表 ·· 26
　2.1.1　指针式万用表的结构 ································ 26
　2.1.2　选用万用表要注意的几项指标 ························ 28

2.2　指针式万用表的使用方法 ……………………………… 30

2.3　使用指针式万用表应注意事项 ………………………… 32

2.4　实际测量操作 …………………………………………… 33

2.5　数字式万用表的组成 …………………………………… 35

2.6　选用数字式万用表 ……………………………………… 36

2.7　使用数字式万用表前的准备 …………………………… 38

2.8　使用数字万用表测量电压操作 ………………………… 41

3　电工仪表 …………………………………………………… 42

3.1　兆欧表 …………………………………………………… 43

　3.1.1　兆欧表的用途 ……………………………………… 43

　3.1.2　使用兆欧表应注意事项 …………………………… 43

3.2　电桥 ……………………………………………………… 45

　3.2.1　电桥的分类 ………………………………………… 45

　3.2.2　QJ23型直流电阻电桥指标与结构 ………………… 46

　3.2.3　电桥使用方法 ……………………………………… 47

　3.2.4　使用注意事项 ……………………………………… 48

3.3　钳形电流表 ……………………………………………… 49

　3.3.1　使用方法 …………………………………………… 49

　3.3.2　钳形电流表使用时要注意的事项 ………………… 50

3.4　功率表与电能表 ………………………………………… 50

　3.4.1　功率表 ……………………………………………… 50

　3.4.2　电能表 ……………………………………………… 53

4　示波器 …………………………………………………… 56

4.1　示波器的用途 …………………………………………… 58

　4.1.1　示波器的用途 ……………………………………… 59

　4.1.2　示波器的分类 ……………………………………… 59

4.2　双通道示波器前面板各键的功能 ……………………… 60

　4.2.1　示波器示波管部分（CRL） ……………………… 60

　4.2.2　垂直轴 ……………………………………………… 61

　4.2.3　触发 ………………………………………………… 62

　4.2.4　时基 ………………………………………………… 63

4.3　使用示波器测量前的调整 ……………………………… 63

4.4　使用示波器测量电压 …………………………………… 66

　4.4.1　使用直接测量法测量交、直流电压 ……………… 66

　4.4.2　使用比较测量法测量电压 ………………………… 67

4.5　使用示波器测量信号周期和频率 ……………………… 67

4.6　使用示波器测量信号相位 ……………………………… 68

4.7 使用示波器测量实例 ……………………………………………………… 69
  4.7.1 使用示波器测量 555 定时器构成占空比可调的方波发生器 ………… 69
  4.7.2 用示波器测量电路输出波形 ……………………………………… 70

5 直流稳压电源与信号发生器 ……………………………………… 72

5.1 稳压电源的选择与使用 ……………………………………………… 73
  5.1.1 直流稳压电源的组成结构 ………………………………………… 73
  5.1.2 直流电源工作原理 ………………………………………………… 74
  5.1.3 直流稳压电源性能及技术指标 …………………………………… 75
  5.1.4 直流稳压电源选择 ………………………………………………… 76
  5.1.5 使用稳压电源应注意的事项 ……………………………………… 77
  5.1.6 直流稳压电路的维护 ……………………………………………… 77
5.2 信号发生器 …………………………………………………………… 78
  5.2.1 信号发生器的分类与组成 ………………………………………… 78
  5.2.2 SP1641B 型函数信号发生器控制面板功能 ……………………… 80
  5.2.3 信号发生器的操作 ………………………………………………… 81

下篇　元件识别与检测

6 低压电器元件识别与检测 ………………………………… 86

6.1 继电器与接触器的识别与检测 ……………………………………… 88
  6.1.1 常用继电器与接触器结构 ………………………………………… 88
  6.1.2 常用继电器/接触器工作原理 …………………………………… 88
  6.1.3 继电器与接触器的识别 …………………………………………… 90
  6.1.4 使用万用表检测继电器/接触器 ………………………………… 92
6.2 时间继电器、热继电器的识别与检测 ……………………………… 94
  6.2.1 时间继电器 ………………………………………………………… 94
  6.2.2 时间继电器的识别与检测 ………………………………………… 96
  6.2.3 热继电器 …………………………………………………………… 97
6.3 低压断路器、熔断器的识别与检测 ………………………………… 98
  6.3.1 常用低压断路器作用及外壳数据含义 …………………………… 98
  6.3.2 使用万用表检测断路器 ………………………………………… 100
  6.3.3 熔断器 …………………………………………………………… 101
6.4 开关、指示灯的识别与检测 ……………………………………… 103
  6.4.1 常用开关器件类型 ……………………………………………… 103
  6.4.2 继电控制电路中常用开关器件的检测 ………………………… 105
  6.4.3 电子电路中常用开关器件的检测 ……………………………… 106
6.5 变压器的识别与检测 ……………………………………………… 110
  6.5.1 变压器的识别 …………………………………………………… 110

　　　6.5.2　变压器的检测 ……………………………………………… 112
　　6.6　检测传感器 ……………………………………………………… 114
　　　6.6.1　检测接近开关 ……………………………………………… 114
　　　6.6.2　检测光电开关 ……………………………………………… 114
　　　6.6.3　霍耳传感器的检测 ………………………………………… 117
　　6.7　线路中连接导线的检测 ………………………………………… 118
　　　6.7.1　选择导线 …………………………………………………… 118
　　　6.7.2　检测导线和电缆 …………………………………………… 118
　　　6.7.3　印刷电路板上线路通断的检测 …………………………… 120
　　6.8　插接件的检测 …………………………………………………… 122
　　　6.8.1　常用插接件 ………………………………………………… 122
　　　6.8.2　检测插接件 ………………………………………………… 123

7　电子元件识别与检测 ……………………………………………… 124

　　7.1　电阻的识别与检测 ……………………………………………… 126
　　　7.1.1　电阻的主要参数 …………………………………………… 126
　　　7.1.2　常用电阻的类型 …………………………………………… 126
　　　7.1.3　电阻阻值标称值的表示方法 ……………………………… 127
　　　7.1.4　选择电阻 …………………………………………………… 127
　　　7.1.5　检测电阻 …………………………………………………… 129
　　　7.1.6　使用直观法检测电阻 ……………………………………… 130
　　　7.1.7　检测电阻参数 ……………………………………………… 130
　　　7.1.8　在线检测电阻 ……………………………………………… 131
　　　7.1.9　其他类型电阻的检测 ……………………………………… 131
　　7.2　电位器的识别与检测 …………………………………………… 134
　　　7.2.1　电位器的主要参数 ………………………………………… 134
　　　7.2.2　电位器的检测 ……………………………………………… 136
　　　7.2.3　在线检测电位器 …………………………………………… 137
　　　7.2.4　使用电位器注意事项 ……………………………………… 138
　　7.3　电容器的识别与检测 …………………………………………… 138
　　　7.3.1　电容型号含义和种类 ……………………………………… 138
　　　7.3.2　电容器的主要参数 ………………………………………… 139
　　　7.3.3　电容器容量标称值的表示方法 …………………………… 140
　　　7.3.4　电容器的检测 ……………………………………………… 142
　　7.4　电感器的识别与检测 …………………………………………… 145
　　　7.4.1　电感器的种类 ……………………………………………… 145
　　　7.4.2　电感的主要参数 …………………………………………… 146
　　　7.4.3　电感器件的检测 …………………………………………… 146
　　7.5　二极管的识别与检测 …………………………………………… 147

7.5.1 二极管的类型 ……………………………………………… 147

7.5.2 整流二极管主要参数 ………………………………………… 148

7.5.3 二极管的检测 ………………………………………………… 150

7.6 稳压二极管的识别与检测 …………………………………………… 152

7.6.1 稳压管的特点 ………………………………………………… 152

7.6.2 稳压管的主要参数 …………………………………………… 153

7.6.3 检测稳压管 …………………………………………………… 154

7.6.4 双基极二极管 ………………………………………………… 155

7.7 晶体三极管的识别与检测 …………………………………………… 157

7.7.1 三极管的分类 ………………………………………………… 157

7.7.2 三极管的主要参数 …………………………………………… 158

7.7.3 由三极管构成的典型基本电路 ……………………………… 159

7.7.4 三极管的检测 ………………………………………………… 160

8 电力电子器件识别与检测 ……………………………… 167

8.1 晶闸管的识别与检测 ………………………………………………… 168

8.1.1 晶闸管的结构 ………………………………………………… 168

8.1.2 晶闸管的种类 ………………………………………………… 168

8.1.3 晶闸管的主要参数 …………………………………………… 169

8.1.4 晶闸管的工作原理 …………………………………………… 171

8.1.5 检测晶闸管 …………………………………………………… 175

8.2 双向晶闸管的识别与检测 …………………………………………… 177

8.2.1 双向晶闸管结构及原理 ……………………………………… 177

8.2.2 检测双向晶闸管 ……………………………………………… 178

8.3 可关断晶闸管的识别与检测 ………………………………………… 180

8.3.1 可关断晶闸管的结构 ………………………………………… 180

8.3.2 可关断晶闸管的检测 ………………………………………… 181

8.4 场效应管的识别与检测 ……………………………………………… 183

8.4.1 场效应晶体管的类型 ………………………………………… 183

8.4.2 场效应管主要参数 …………………………………………… 185

8.4.3 场效应管的检测 ……………………………………………… 186

9 光电器件识别与检测 ………………………………………… 191

9.1 发光二极管的识别与检测 …………………………………………… 192

9.1.1 发光二极管的类型 …………………………………………… 192

9.1.2 发光二极管的主要参数 ……………………………………… 192

9.1.3 识别发光二极管的引脚极性 ………………………………… 194

9.1.4 使用指针式万用表检测发光二极管的好坏 ………………… 194

9.1.5 用数字万用表检测发光二极管 ……………………………… 196

9.2 光电三极管的识别与检测 ························· 197

9.2.1 光电三极管的类型 ····················· 197

9.2.2 光电三极管的检测 ····················· 198

9.3 LED七段数码显示器的识别与检测 ············· 200

9.3.1 LED七段数码显示器的结构 ············· 200

9.3.2 LED七段数码显示器的种类 ············· 202

9.3.3 检测LED七段数码显示器 ··············· 202

9.4 LCD液晶显示器的识别与检测 ··············· 205

9.4.1 使用LCD显示器注意事项 ··············· 205

9.4.2 LCD工作原理 ······················· 205

9.4.3 LCD液晶显示器的检测 ················· 207

10 集成器件识别与检测 ························· 210

10.1 集成整流电路引脚的识别与检测 ············· 212

10.1.1 集成整流桥引脚识别 ················· 212

10.1.2 整流电路的组成 ····················· 213

10.1.3 使用万用表检测整流桥 ··············· 215

10.2 常用三端稳压器的识别与检测 ··············· 218

10.2.1 常用三端稳压器的基础知识 ··········· 218

10.2.2 常用三端稳压器的引脚识别 ··········· 220

10.2.3 使用万用表检测常用三端稳压器 ······· 221

10.3 光电耦合器的识别与检测 ················· 223

10.3.1 光电耦合器的特性与应用 ············· 223

10.3.2 光电耦合器原理 ····················· 225

10.3.3 使用万用表检测光电耦合器 ··········· 226

10.4 555电路的识别与检测 ··················· 228

10.4.1 555电路结构及端子功能 ············· 228

10.4.2 检测555电路好坏及555电路的应用 ······· 229

10.5 集成运算放大器的识别与检测 ··············· 231

10.5.1 模拟运算放大器封装形式与引脚识别 ····· 231

10.5.2 常用模拟运算放大器LM324的检测 ········ 234

上篇

常用工具仪器仪表的使用

维修电工是在室内、外，常温环境中，从事机械设备和电气系统线路及器件等的安装、调试、维护、修理的人员。共设五个等级，分别为：初级(国家职业资格五级)、中级(国家职业资格四级)、高级(国家职业资格三级)、技师(国家职业资格二级)、高级技术(国家职业资格一级)。职业能力特征是：具有一定的学习、理解、观察、判断、推理和计算能力，手指、手臂灵活，动作协调。

维修电工职业守则：遵守法律、法规和有关规定；爱岗敬业，具有高度的责任心；严格执行工作程序、工作规范、工艺文件和安全操作规程；工作认真负责，团结合作；爱护设备及工具；着装整洁，符合规定；保持工作环境清洁有序，文明生产。

维修电工应具有的理论知识：电工基础知识，电子技术基础知识，常用电工仪器仪表使用知识，常用电工工具，量具使用知识，常用材料选型知识，安全知识和其他相关知识及相关法律法规知识。

在维修电工国家职业技能标准中对维修电工技能提出如下要求：

(1)能根据工作任务正确选用工具、量具。

(2)能根据测量目的和要求选用电工仪表。

(3)能使用万用表、兆欧表、电压表、电流表、钳形表、功率表、电能表对电压、电流、电阻、功率、电能等进行测量。

(4)能选用单、双臂电桥，并能正确使用电桥进行电量测量。

(5)能使用信号发生器、示波器对波形的幅值、频率进行测量。

(6)能按焊接对象不同选择合适的焊接工具。

(7)能进行焊前处理。

(8)能安装焊接主要由电阻器、电容器、二极管、三极管等组成的单面印刷线路板。

(9)能识别虚焊、假焊。

本篇主要从实用角度出发，以维修电工国家职业技能标准为依据，介绍一些电工、维修电工常用工具的用途、使用方法和结构。

工具类有：旋类工具（一字螺丝刀、十字螺丝刀、内六角扳手、外六角扳手），钳类工具（尖嘴钳、偏口钳、钢丝钳、剥线钳、压线钳）。

仪表类：数字万用表、指针式万用表、钳形电流表、功率表、摇表、电能表。

仪器类：示波器、信号发生器、直流电源。

这些工具和仪表是电工、维修电工在工作中经常用到的，作为从业者必须要掌握。

本篇共5章。 第1章常用电工工具；第2章万用表；第3章电工仪表；第4章示波器；第5章直流稳压电源与信号发生器。

常用电工工具

一、内容简介

本章主要学习常用电工工具的性能、用途；怎样正确选择与使用这些工具及使用时要注意的事项。主要内容：

1.1 旋类工具。介绍了电工、维修电工在工作中常用的螺丝刀、扳手等旋类工具的类型、用途和使用时要注意的事项。

1.2 钳类工具。从使用和认知的角度介绍了钢丝钳、尖嘴钳、偏口钳、剥线钳、压线钳等钳类工具的使用方法、用途和使用中要注意的事项。

1.3 验电器。主要介绍低压验电器的结构和使用方法，通过测试实例，介绍使用低压验电器测试电压时要注意的事项。

1.4 电烙铁。说明了内热式、外热式、恒温式等各种电烙铁的结构和用途以及如何选择电烙铁，使用时要注意哪些事项。

1.5 焊接材料选择。焊料有哪些？焊机又有哪些？在什么情况下选择焊锡丝？在什么情况下选择焊条？如何选择阻焊剂和助焊剂；什么样的焊剂不能使用，这些内容是本节所要重点描述的。

1.6 手工焊接。电烙铁的握法，焊接要点，焊接步骤是本节主要介绍的内容。

1.7 手工拆焊。本节对拆焊原则及操作要点、拆焊工具、拆焊材料和拆焊方法进行了描述。

1.8 焊点质量的要求。描述了对焊点质量的要求；通过焊点实样，描述了合格焊点及不合格焊点的成因；还介绍了焊接质量的检验方法。

二、学习建议

正确选用和使用工具和仪表是一名电器装配工必须具备的基本技能。如果要想熟练使用螺丝刀、尖嘴钳、偏口钳、剥线钳、压线钳等常用电工工具，那么就必须先了解清楚这些工具的用途和结构。这些知识和技能，通过学习 1.1～1.6 的内容可以获得。在学习中应该对照实物进行，这种方法会使你很快掌握使用这些工具的技巧。使用电烙铁焊接元件，达到熟练的程度，获得合格的焊接质量，是一项需要不断练习才能习得的技能。通过学习 1.6～1.8 的内容可以帮助读者走一些捷径。掌握了这些知识和技能后，您就可以开始动手做一些简单基本技能的练习了。

三、学习目标

（1）了解各类常用工具的用途。

（2）掌握各类常用工具的选择方法。

（3）熟练使用各类工具。

通过本章学习，能够正确选择工具和使用方法，为从事维修电工工作打下基础。

1.1　旋类工具

你知道图 1-1 中这些工具的名称吗？使用过其中的几种？知道这些工具的用途吗？你能够正确选用这些工具吗？其中哪些是电工、维修电工常用的工具？

图 1-1　常见工具

现在，让我们先从图 1-1 中挑选一些电工、维修电工常用的一些工具，了解一下它们的用途、特点和使用方法。图 1-2 是电工常用的一些工具。

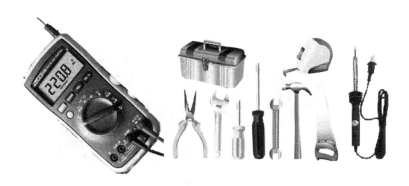

图 1-2　电工常用工具

（1）旋具种类　是用来拧紧或拆卸各种螺钉的工具。按照旋具头部形状不同可分为一字形、十字形、内六角型、外六角形。头部形状为一字形、十字形的旋具也叫改锥或起子，头部形状为内六角形、外六角形的旋具叫扳手，还有一种旋具叫扳手，开口度固定的扳手叫呆扳手，开口度可调的扳手叫活扳手。如图 1-3 所示。

（2）常用的规格　一字形旋具常用的规格有 50mm、100mm、150mm 和 200mm 等规格，电工必备的是 50mm 和 150mm 两种。

十字形旋具专供紧固或拆卸十字槽的螺钉之用，常用的规格有四种，1 号适用于螺钉直径为 2~3.5mm，2 号为 3~5mm，3 号为 6~8mm，4 号为 10~12mm。

除了以上两种类型的旋具外，还有头部形状为六方形的。

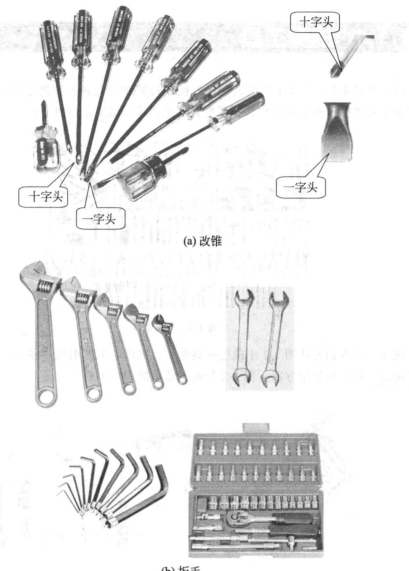

(a) 改锥

(b) 扳手

图 1-3　旋具

注意

　　使用旋具注意事项。 使用旋具紧固或拆卸带电螺钉时， 手不得触及螺丝刀的金属杆部位， 以免发生触电事故。 为了避免旋具的金属杆触及皮肤或触及邻近带电体， 应在金属杆上套绝缘管。

1.2　钳类工具

　　从事电工作业时，会用到各种导线，剪断导线是经常要做的事情，选择合适的钳类工具，会让工作事半功倍。下面对钳类工具的介绍会帮助你很快了解这些工具的使用方法。

（1）钢丝钳　铁柄和绝缘柄两种，绝缘柄为电工用钢丝钳，常用规格有 160mm、180mm 和 200mm 三种。用于夹持或弯折薄片形、圆柱形金属零件及切断金属丝，其旁刃口也可用于切断细金属丝。如图 1-4 所示。

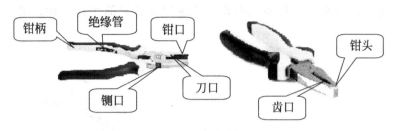

图 1-4　钢丝钳

钢丝钳用途如图 1-5。

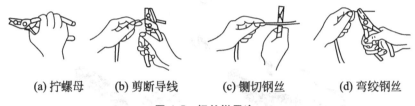

(a) 拧螺母　　　(b) 剪断导线　　　(c) 铡切钢丝　　　(d) 弯绞钢丝

图 1-5　钢丝钳用途一

还可以作图 1-6 所示的工作。

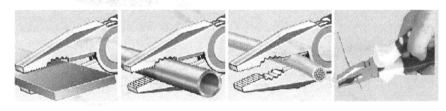

图 1-6　钢丝钳用途二

如果不能正确选择和使用工具，不仅对你的工作没有帮助，反而会造成危险，甚至危害到你的人身安全。

注意

钢丝钳使用注意事项：使用钳子要量力而行，不可以超负荷的使用。切忌不可在切不断的情况下扭动钳子，容易崩牙与损坏。无论钢丝还是铁丝或者铜线，只要钳子能留下咬痕，然后用钳子前口的齿夹紧钢丝，轻轻地上抬或者下压钢丝，就可以掰断钢丝，不但省力，而且对钳子没有损坏，可以有效地延长使用寿命。

在带电作业时不能使用绝缘有损坏的电工钢丝钳，以免发生触电事故。也不能用电工钢丝钳同时剪切相线和零线，或同时剪切两根相线，以免发生短路事故。

（2）尖嘴钳 钳柄上套有额定电压 500V 的绝缘套管，是电工（尤其是内线电工）、仪表及电讯器材等装配及修理工作常用工具之一，如图 1-7 所示。可使用带刃口的尖嘴钳剪断细小金属丝；也可使用它夹持较小的螺钉、垫圈、导线等元件；还可以在装接控制线路板时，使用尖嘴钳将单股导线弯成一定圆弧的接线圈，剥塑料绝缘层等。能在较狭小的工作空间操作，不带刃口者只能夹捏工作，带刃口者能剪切细小零件。

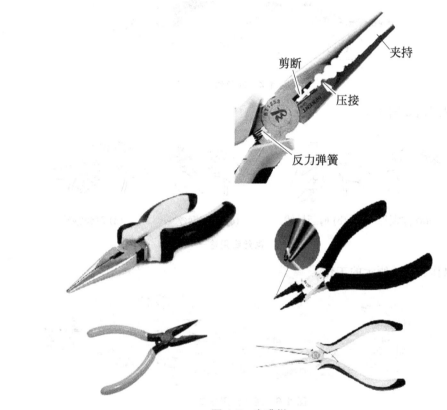

图 1-7 尖嘴钳

（3）偏口钳 又称斜口钳。偏口钳主要用于剪切导线，元器件多余的引线，还常用来代替一般剪刀剪切绝缘套管、尼龙扎线卡等，如图 1-8。它是电工常用工具之一。

偏口钳功能以切断导线为主，$2.5mm^2$ 的单股铜线，剪切起来已经很费力，而且容易导致钳子损坏，所以建议斜口钳不宜剪切 $2.5mm^2$ 以上的单股铜线和铁丝。在尺寸选择上，普通电工布线时选择 6″、7″切断能力比较强剪切不费力。线路板安装维修以 5″、6″为主，使用起来方便灵活，长时间使用

图 1-8 偏口钳

不易疲劳。

注意事项

使用钳子要量力而行，不可以用来剪切钢丝、钢丝绳和过粗的铜导线和铁丝。否则容易导致钳子崩牙和损坏。

（4）剥线钳 专供电工剥除电线头部的表面绝缘层用，如图1-9所示。它是由刀口、压线口和钳柄组成。剥线钳的钳柄上套有额定工作电压500V的绝缘套管。

选择导线的直径，放入孔径

剪断导线

图 1-9 剥线钳

剥线钳的规格有140mm、160mm、180mm三种。

剥线钳的使用要点：要根据导线直径，选用剥线钳刀片的孔径。

剥线钳的结构特点：利用杠杆原理，当剥线时，先握紧钳柄，使钳头的一侧夹紧导线的另一侧，通过刀片的不同刃孔可剥除不同导线的绝缘层。剥线钳的使用方法如图1-10所示。首先，根据缆线的粗细型号，选择相应的剥线刀口。

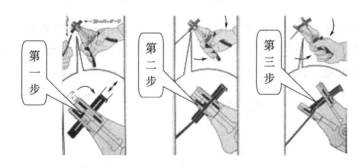

第一步 第二步 第三步

图 1-10 剥线钳的使用方法

第一步，将准备好的电缆放在剥线工具的刀刃中间，选择好要剥线的长度；

第二步，握住剥线工具手柄，将电缆夹住，缓缓用力使电缆外表皮慢慢剥落；

第三步，松开工具手柄，取出电缆线，这时电缆金属整齐露出外面，其余绝缘塑料完好无损。

（5）压线钳 是用于把软导线与接线片（O形、U形、针形）连接的一种工具，还有一种常用的压线钳是压接网线用的。图1-11是压线钳的外形。

使用剥线钳，将软导线一端剥去约10mm绝缘线皮，把剥去线皮的部分拧成麻花状，然后穿入冷压接线片的敷线管中。把冷压接线片的敷线管端放入压线钳中合适的位

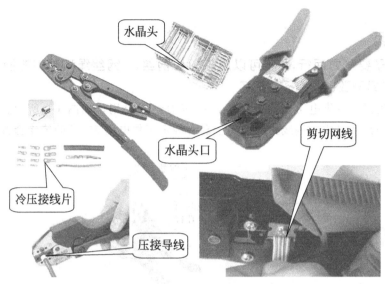

图 1-11　压线钳

置，握住钳柄的手向内用力挤压。

1.3　验电器

验电器是检验导线和电气设备是否带电的一种电工常用工具。分为低压验电器和高压验电器两种。

（1）低压验电器　又称测电笔、试电笔，它是用来检验对地电压在 250V 及以下的低压电气设备的，也是家庭中常用的电工安全工具，主要由工作触头、降压电阻、氖泡、弹簧等部件组成。如图 1-12 所示。

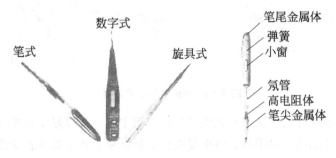

图 1-12　低压验电器

低压验电器是利用电流通过验电器、人体、大地形成回路，其漏电电流使氖泡起辉发光而工作的。只要带电体与大地之间电位差超过一定数值（36V），验电器就会发出辉光，低于过个数值，就不发光，以此来判断低压电气设备是否带有电压。

（2）使用注意事项

① 在使用前　首先应检查一下验电器的完好性，四大组成部分是否缺少，氖泡是

否损坏，然后在有电的地方验证一下，只有确认验电器完好后，才可进行验电。在使用时，一定要手握笔帽端金属挂钩或尾部螺丝，笔尖金属探头接触带电设备，湿手不要去验电，不要用手接触笔尖金属探头。

② 使用低压验电器时。以手指触及笔尾的金属，使氖管小窗背光朝自己。试电笔的正确握法与错误握法如图1-13所示。

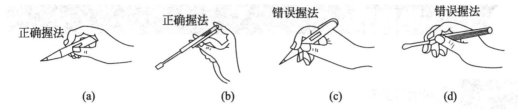

图 1-13 试电笔的正确握法与错误握法

当用电笔测试带电体时，电流经带电体、电笔、人体到大地形成通路，只要带电体与大地之间的电位差超过36V，电笔中的氖管就发光。低压验电器测电压范围为60～500V。图1-14(a) 和图1-14(b) 示意了低压验电器正确使用方法和不正确使用方法。

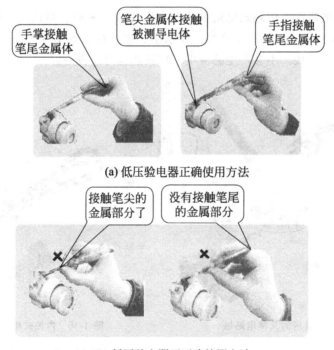

图 1-14 低压验电器正确使用方法和不正确使用方法

下面的描述只是一种经验的判断，具体情况还要根据实际做出判断。

低压验电器除主要用来检查低压电气设备和线路外，它还可区分相线与零线、交流电与直流电以及电压的高低。

通常氖泡发光者为火线，不亮者为零线；但中性点发生位移时要注意，此时，零线同样也会使氖泡发光。

对于交流电通过氖泡时，氖泡两极均发光，直流电通过的，仅有一个电极附近发亮。

当用来判断电压高低时，氖泡暗红轻微亮时，电压低；氖泡发黄红色，亮度强时电压高。

1.4　电烙铁

1.4.1　几种电烙铁

通常使用的电烙铁有 20W、25W、30W、35W、40W、45W、50W。

电烙铁是最常用的手工焊接工具。在生产电子产品和维修电子产品时被广泛用。常用电烙铁如图 1-15。按其加热方式分内热式和外热式，另外常用的还有恒温电烙铁和吸锡电烙铁。

（1）内热式电烙铁　内热式电烙铁主要由电源线、手柄、烙铁芯、烙铁头等组成，其结构如图 1-16 所示。它具有发热快、体积小、重量轻、效率高等特点，因而得到普遍应用。内热式升温快，不会产生感应电，但发热丝寿命较短。

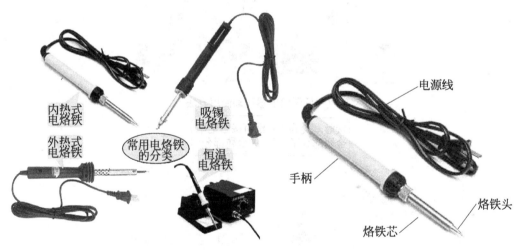

图 1-15　常用的几种电烙铁　　　　图 1-16　内热式电烙铁结构

内热式电烙铁的发热丝绕在一根陶瓷棒上面，外面再套上陶瓷管绝缘，烙铁头套在陶瓷管外面，热量从内部传到外部的烙铁头上。

常用的内热式电烙铁的规格有 20W、35W、50W 等，20W 烙铁头的温度可达350℃左右。电烙铁的功率越大，烙铁头的温度就越高。焊接集成电路、一般小型元器件选用 20W 内热式电烙铁即可。使用的电烙铁功率过大，容易烫坏元件（二极管和三极管等半导体元器件当温度超过 200℃就会烧毁）和使印制板上的铜箔线脱落；电烙铁的功率太小，不能使被焊接物充分加热而导致焊点不光滑、不牢固，易产生虚焊。

（2）外热式电烙铁　外热式电烙铁由电源线、手柄、烙铁芯、烙铁头等组成，其结构如图1-17所示。外热式寿命相对较长，但容易产生感应电，容易损坏精密的电子元件，所以焊接精密元件时最好烙铁外壳接一根地线接地。

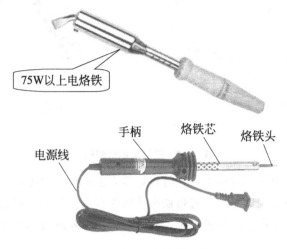

图 1-17　外热式电烙铁结构图

外热式烙铁的发热丝绕在一根中间有孔的铁管上，里外用云母片绝缘，烙铁头插在中间孔里，热量从外面传到里面的烙铁头。

常用的外热式电烙铁规格有 25W、45W、75W、100W 等，当被焊接物较大时常使用外热式电烙铁。它的烙铁头可以被加工成各种形状以适应不同焊接面的需要。

（3）恒温电烙铁　恒温电烙铁主要由调温台、电源线、温控线、烙铁头、控温元件、烙铁架等组成，其结构如图1-18所示。用于对温度要求比较高的焊接工作中。

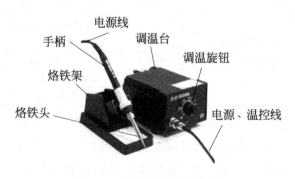

图 1-18　恒温电烙铁结构图

恒温电烙铁是用电烙铁内部的磁控开关来控制烙铁的加热电路，使烙铁头保持恒温，属于内热式电烙铁的一种。磁控开关的软磁铁被加热到一定的温度时，便失去磁性，使触点断开，切断电源。恒温烙铁也有用热敏元件来测温以控制加热电路使烙铁头保持恒温的。

（4）吸锡电烙铁　吸锡电烙铁主要由电源线、手柄、吸锡按钮、烙铁芯、吸锡孔等组成，其结构如图1-19所示。

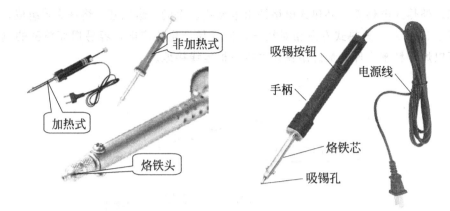

图 1-19 吸锡电烙铁结构

吸锡烙铁是拆除焊件的专用工具，可将焊接点上的焊锡吸除，使元件的引脚与焊盘分离。操作时，先将烙铁加热，再将烙铁头放到焊点上，待熔化焊接点上的焊锡后，按动吸锡开关，即可将焊点上的焊锡吸掉，有时这个步骤要进行几次才行。

1.4.2 选择电烙铁

根据手工焊接工艺和不同的施焊对象的要求，选用不同的电烙铁。主要从电烙铁的种类、功率及烙铁头的形状考虑。

（1）选择电烙铁的类型　表 1-1 为电烙铁的类型选择依据，仅供参考。

表 1-1　选择电烙铁的依据

焊接对象及工作性质	烙铁头温度/℃	选用烙铁
一般印制电路板、安装导线	300～400	20W 内热式，25W 外热式，恒温式
集成电路	350～400	20W 内热式，恒温式
焊片、电位器、2-8W 电阻、大电解电容等	350～450	35～50W 内热式，50～75W 外热式，恒温式
8W 以上的电阻、φ2mm 以上导线	400～550	100W 内热式，100～150W 外热式
汇流排、金属板等	500～630	300W 外热式
维修调试一般电子产品	20W 内热式，25W 外热式，恒温式	

（2）选择电烙铁的功率　电烙铁的功率选择一定要合适，功率过大则容易焊坏电子元器件，功率过小则容易出现虚焊或假焊现象，直接影响焊接质量。

对于小型电子元器件的普通印制电路板和 IC 电路的焊接应选用 20W 内热式电烙铁或 25W 外热式电烙铁。这是因为小功率的电烙铁具有体积小、重量轻、发热快、便于操作、耗电低。

对于大型电子元器件的电路及机壳底板的焊接应选用大功率的电烙铁，如 50W 以上的内热式电烙铁或 75W 以上的外热式电烙铁。

（3）选择烙铁头　选择正确的烙铁头是非常重要的，选择了合适的烙铁头能使工作更有效率，烙铁头的寿命会更长。图 1-20 是几种不同形状的电烙铁头。表 1-2 介绍了各种烙铁头特点及应用范围。

K型　B型　I型　C型　D型

图 1-20　电烙铁头

表 1-2　各种烙铁头特点及应用范围

类型	特　　点	应用范围
K型	使用刀形部分焊接,竖立式或拉焊式焊接均可,属于多用途烙铁头	适用于 SOJ,PLCC,SOP,QFP,电源,接地部分元件,修正锡桥,连接器等焊接
B型	无方向性,整烙铁头前端均可以进行焊接	适合一般焊接,无论大小焊点,都可以使用 B 型烙铁头
I型	烙铁头尖端幼细	适合精细焊接,或焊接空间狭小的情况,也可以修正焊接芯片时产生的锡桥
C型	用烙铁头前端进行焊接	与 D 型烙铁头相似
D型	用扁嘴部分进行焊接	适合需要多锡量的焊接,例如焊接面积大、粗端子、焊片大的焊接环境

1.5　焊接材料选择

焊接材料分为焊料（焊锡）和焊剂（助焊剂和阻焊接）。知道了焊料和焊剂的性质和选用知识，对提高焊接质量很有帮助。

1.5.1　焊料

焊料是指易熔金属及其合金，它能使被焊物（导线与导线、元器件引线与印制电路板的焊盘）的连接点连接在一起。焊料的选择对焊接质量有很大的影响。

在锡中加入一定比例的铅和少量其他金属可制成熔点低、抗腐蚀性好、对元件和导线的附着力强、机械强度高、导电性好、不易氧化、抗腐蚀性好、焊点光亮美观的焊料，故焊料常称作焊锡。

（1）焊锡的形状　条状、丝状焊锡如图 1-21 所示。常用的焊锡有五种形状：有块状、棒状、带状、丝状（焊锡丝的直径有 0.5mm、0.8mm、0.9mm、1.0mm、1.2mm、1.5mm、2.0mm、2.3mm、2.5mm、3.0mm、4.0mm、5.0mm 等）和粉末状。丝状焊锡主要用于手工焊接。块状及棒状焊锡用于浸焊、波峰焊等自动焊接机。

图 1-21　条状、丝状焊锡

（2）选用焊锡　焊锡按其组成的成分可分为锡铅焊料、银焊料、铜焊料等，熔点在 450℃ 以上的称为硬焊料，450℃ 以下的称为软焊料。锡铅焊料的材料配比不同，性能也不同。常用的锡铅焊料及其用途如表 1-3 所示。

表 1-3　常用的锡铅焊料及其用途

名称	牌号	熔点温度/℃	用途
10＃锡铅焊料	HlSnPb10	220	焊接食品器具及医疗方面物品
39＃锡铅焊料	HlSnPb39	183	焊接电子电气制品
50＃锡铅焊料	HlSnPb50	210	焊接计算机、散热器、黄铜制品
58-2＃锡铅焊料	HlSnPb58-2	235	焊接工业及物理仪表
68-2＃锡铅焊料	HlSnPb68-2	256	焊接电缆铅护套、铅管等
80-2＃锡铅焊料	HlSnPb80-2	277	焊接油壶、容器、大散热器等
90-6＃锡铅焊料	HlSnPb90-6	265	焊接铜件
73-2＃锡铅焊料	HlSnPb73-2	265	焊接铅管件

市场上出售的焊锡，由于生产厂家不同，配制比有很大的差别，但熔点基本在 140～180℃ 之间。在电子产品的焊接中一般采用 Sn62.7％＋Pb37.3％ 配比的焊料，其优点是熔点低、结晶时间短、流动性好、机械强度高。

1.5.2 焊剂

根据焊剂的作用不同可分为助焊剂和阻焊剂两大类。在锡铅焊接中，助焊剂是一种不可缺少的材料。它有助于清洁被焊污的焊点处，防止焊面氧化，增加焊料的流动性，使焊点易于成型。常用助焊剂分为有无机助焊剂、有机助焊剂和树脂助焊剂三种。焊料中常用的助焊剂是松香，在要求较高的场合下使用新型助焊剂——氧化松香。

（1）助焊剂　常用的助焊剂如图 1-22 所示。松香酒精助焊剂是将松香溶于酒精之中，质量比为 1∶3。消光助焊剂具有一定的浸润性，可使焊点丰满，防止搭焊、拉尖，还具有较好的消光作用。中性助焊剂适用于锡铅料对镍及镍合金、铜及铜合金、银和白金等的焊接。

(a) 焊膏　　　　　　　(b) 松香酒精助焊剂　　　　　(c) 松香

图 1-22　常用的助焊剂

　　(2) 阻焊剂　图 1-23 是两种常用的阻焊剂。阻焊剂是一种耐高温的涂料，可使焊接只在所需要的焊点上进行，而将不需要焊接的部分保护起来。以防止焊接过程中的桥连，减少返修，节约焊料，使焊接时印制板受到的热冲击小，板面不易起泡和分层。阻焊剂的种类有热固化型阻焊剂、光敏阻焊剂及电子束辐射固化型等几种，目前常用的是光敏阻焊剂。

图 1-23　阻焊剂

✋**注意**

　　使用助焊剂时应注意：不要使用存放时间过长的助焊剂。

　　常用的松香助焊剂在温度超过 60℃时，绝缘性会下降，焊接后的残渣对发热元件有较大的危害，故在焊接后要清除助焊剂残留物。

　　助焊剂常温下必须稳定，其熔点要低于焊料，在焊接过程中焊剂要具有较高的活化性、较低的表面张力，受热后能迅速而均匀地流动。

　　不产生有刺激性的气体和有害气体，不导电，无腐蚀性，残留物无副作用，施焊后的残留物易于清洗。

▶ 1.6　手工焊接

1.6.1　手工焊接电烙铁的握法

　　进行手工焊接时要保持正确的焊接姿势。一般采用坐姿焊接，如图 1-24 所示。桌面和坐椅的高度要合适，人要挺胸、端坐。为减少有害气体的吸入量，同时保证操作者的焊接便利，一般情况下，电烙铁离操作者鼻子的距离以 20～30cm 为宜。

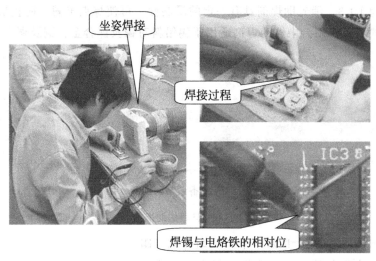

图 1-24　坐姿焊接

（1）电烙铁的握法　焊接操作时电烙铁的握法有三种，如图 1-25 所示。

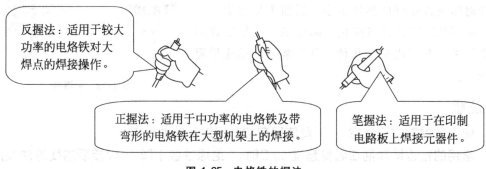

图 1-25　电烙铁的握法

（2）焊锡丝的拿法　焊接时电烙铁和焊锡丝必须配合，一般情况下，焊锡丝的拿法有两种，如图 1-26 所示。

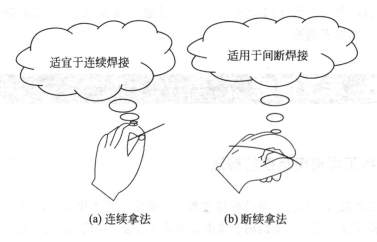

(a) 连续拿法　　　　(b) 断续拿法

图 1-26　焊锡丝的拿法

1.6.2　手工焊接步骤

（1）安全检查　使用前先用万用表检查电烙铁的电源线有无短路和开路，电烙铁是否漏电。电源线的装接是否牢固，螺丝是否松动，在手柄上的电源线是否被螺丝顶紧，电源线的套管有无破损。

（2）烙铁头的处理　新买的烙铁一般不能直接使用，要先将烙铁头进行"上锡"后方能使用。"上锡"的具体操作方法是：用细砂纸将烙铁头打光亮，将电烙铁通电加热，蘸上松香后用烙铁头刀面接触焊锡丝，使烙铁头上均匀地镀上一层焊锡。旧烙铁头如严重氧化而变黑，可用锉刀将烙铁头上的氧化层锉掉，当烙铁头能熔化焊锡时，在其表面熔化带有松香的焊锡，直至烙铁头表面薄薄地镀上一层锡为止。

（3）使用中注意，旋转电烙铁柄盖时不可使电线随着柄盖扭转，以免将电源线接头部位造成短路。电烙铁在使用过程中不要敲击，电烙铁头上过多的焊锡不得随意乱甩，要

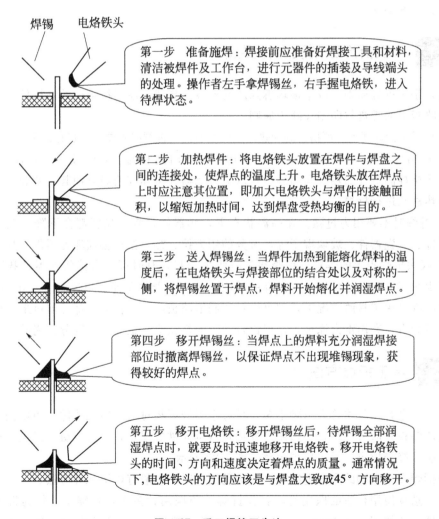

第一步　准备施焊：焊接前应准备好焊接工具和材料，清洁被焊件及工作台，进行元器件的插装及导线端头的处理。操作者左手拿焊锡丝，右手握电烙铁，进入待焊状态。

第二步　加热焊件：将电烙铁头放置在焊件与焊盘之间的连接处，使焊点的温度上升。电烙铁头放在焊点上时应注意其位置，即加大电烙铁头与焊件的接触面积，以缩短加热时间，达到焊盘受热均衡的目的。

第三步　送入焊锡丝：当焊件加热到能熔化焊料的温度后，在电烙铁头与焊接部位的结合处以及对称的一侧，将焊锡丝置于焊点，焊料开始熔化并润湿焊点。

第四步　移开焊锡丝：当焊点上的焊料充分润湿焊接部位时撤离焊锡丝，以保证焊点不出现堆锡现象，获得较好的焊点。

第五步　移开电烙铁：移开焊锡丝后，待焊锡全部润湿焊点时，就要及时迅速地移开电烙铁。移开电烙铁头的时间、方向和速度决定着焊点的质量。通常情况下，电烙铁头的方向应该是与焊盘大致成45°方向移开。

图 1-27　手工焊接五步法

在松香或软布上擦除。电烙铁在使用一段时间后，应当将电烙铁头取出，除去外表氧化层，取电烙铁头时切勿用力扭动，以免损坏烙铁芯。

（4）使用结束后，应及时切断电源，拔下电源插头。冷却后，再将电烙铁收回工具箱。

焊接时，掌握好电烙铁的温度和焊接时间，选择恰当的电烙铁和焊点的接触位置，才能得到良好的焊点。对一般焊点而言，完成焊接过程，大约需要 2～3s。

焊接操作可以分为五个步骤如图 1-27 所示。

1.7　手工拆焊

在调试、维修电子设备的工作中，经常需要更换一些元器件。更换元器件的前提当然是要把原先的元器件先拆下来。如果拆焊的方法不当，不但会损坏印制电路板，也可能会使换下来的元器件失效，无法重新使用。拆焊前，在没有弄清楚原焊接点的特点时，不要轻易动手。

1.7.1　手工拆焊原则及操作要点

（1）手工拆焊原则　以不损坏拆除的元器件、导线、原焊接部位的结构件，不损坏印制电路板上的焊盘与印制导线为原则。

（2）手工拆焊要点　严格控制加热的温度和时间，拆焊时不要用力过猛向下拔元件。

① 严格控制加热的温度和时间。拆焊的加热时间和温度较焊接时间要长、要高，所以要严格控制拆焊加热时间和温度，以免将元器件烫坏或使焊盘翘起、断裂。宜采用间隔加热法来进行拆焊。

② 拆焊时不要用力过猛。在高温状态下，元器件封装的强度都会下降，尤其是对塑封器件、陶瓷器件、玻璃端子等，过分的用力拉、摇、扭都会损坏元器件和焊盘。

③ 吸去拆焊点上的焊料。用吸锡工具吸去焊料，有时可以直接将元器件拔下。即使还有少量锡连接，也可以减少拆焊的时间，减小元器件及印制电路板损坏的可能性。如果在没有吸锡工具的情况下，则可以将印制电路板或能够移动的部件倒过来，用电烙铁加热拆焊点，利用重力原理，让焊锡自动流向烙铁头，也能达到部分去锡的目的。

1.7.2　手工拆焊方法

电阻、电容、晶体管等引脚不多，且每个引线可相对活动的元器件可用烙铁直接拆焊。把印制板竖起来夹住，一边用烙铁加热待拆元件的焊点，一边用镊子或尖嘴钳夹住元器件引线轻轻拉出。手工拆焊示意如图 1-28 所示。

当拆焊多个引脚的集成电路或多引脚元器件时，一般有以下几种方法。

（1）选择使用合适的医用空心针头拆焊　将医用针头用钢锉锉平，作为拆焊的工具。具体方法如图 1-29 所示。一边用电烙铁熔化焊点，一边把针头套在被拆卸元器件

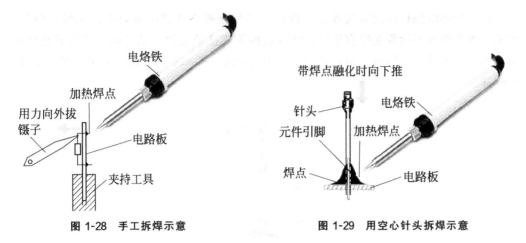

图 1-28　手工拆焊示意　　　　　　　图 1-29　用空心针头拆焊示意

的引线上，直至焊点熔化后，将针头迅速插入印制电路板的孔内，使元器件的引线脚与印制电路板的焊盘分开。

（2）使用吸锡材料拆焊　可用做锡焊材料的有屏蔽线编织网、细铜网或多股铜导线等，如图 1-30 所示。将吸锡材料加松香助焊剂，用烙铁加热进行拆焊。图 1-31 是使用吸锡材料拆焊的示意图。

图 1-30　拆焊铜网

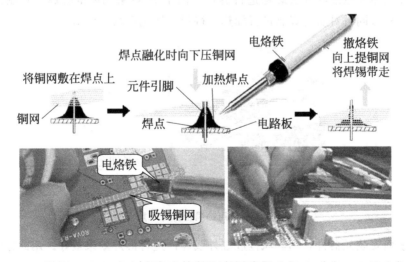

图 1-31　用吸锡材料拆焊的示意

（3）使用吸锡烙铁或吸锡器进行拆焊 采用吸锡烙铁或吸锡器进行拆焊如图1-32所示。吸锡烙铁对拆焊是很有用的，既可以拆下待换的元件，又可同时不使焊孔堵塞，而且不受元器件种类限制。但它必须逐个焊点除锡，效率不高，而且必须及时排除吸入的焊锡。

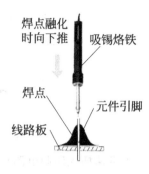

图 1-32 用吸锡烙铁或吸锡器进行拆焊示意

（4）使用专用拆焊工具进行拆焊 专用拆焊工具能一次完成多引线引脚元器件的拆焊，而且不易损坏印制电路板及其周围的元器件。图1-33是用专用拆焊工具进行拆焊示意图。

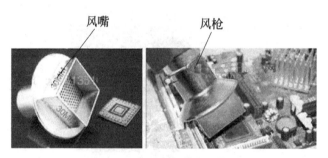

图 1-33 用专用拆焊工具拆焊

（5）使用热风枪或红外线焊枪进行拆焊 图1-34是用热风枪拆焊示意图。热风枪或红外线焊枪可同时对所有焊点进行加热，待焊点熔化后取出元器件。

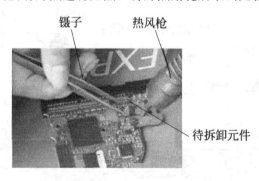

图 1-34 用热风枪拆焊示意

对于表面安装元器件，用热风枪或红外线焊枪进行拆焊效果最好。用此方法拆焊的优点是拆焊速度快，操作方便，不宜损伤元器件和印制电路板上的铜箔。

1.8 焊点质量的要求

1.8.1 对焊点质量的要求

（1）可靠的电气连接　如果焊接仅仅是将焊料堆在焊件的表面或只有少部分形成合金层，随着时间的推移和条件的变化，接触层被氧化，会出现脱焊现象，电路会出现工作不稳定现象，而观察焊点表面，连接如初，这是电子仪器检修中最头痛的问题，也是电子产品制造中要十分注意的问题。

（2）足够的机械强度　焊接不仅起到电气连接的作用，同时也是固定元器件、保证机械连接的手段。由于铅锡焊料的抗拉强度小，必须有足够的连接面积才能保证机械强度。

（3）光洁整齐的外观　良好的焊点要求焊锡量恰到好处，表面有金属光泽，没有桥接，拉尖等现象，导线焊接时不伤及绝缘皮。

1.8.2 焊点外观

（1）焊点外观形状　标准焊点如图 1-35 所示。

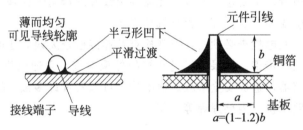

图 1-35　标准焊点

（2）不合格焊点　不合格焊点如图 1-36 所示。

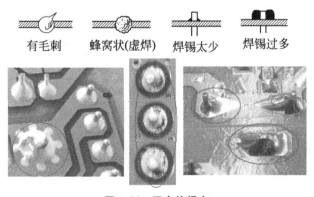

图 1-36　不合格焊点

（3）导致缺陷的原因如图 1-37 所示。

焊锡量过少或过多

焊点冷却时被移动，通常表现出挤压裂纹

导致缺陷的原因

加热不正确引起不润湿助焊剂燃烧

被焊面污染会导致不润湿或虚润湿

图 1-37　导致缺陷的原因

1.8.3　检查焊接项目

检查焊接项目主要有：外观检查、牢固度检查和通电检查。

（1）外观检查　外观检查就是通过肉眼从焊点的外观上检查焊接质量，可以借助 3～10 倍的放大镜进行目检。目检的主要内容包括：焊点是否有错焊、漏焊、虚焊和连焊，焊点周围是否有焊剂残留物，焊接部位有无热损伤和机械损伤现象。

（2）牢固度检查　在外观检查中发现有可疑现象时，可用镊子轻轻拨动焊接部位进行检查，并确认其质量。主要包括导线、元器件引线和焊盘与焊锡是否结合良好，有无虚焊现象；元器件引线和导线根部是否有机械损伤。

（3）通电检查　通电检查必须是在外观检查及连接检查无误后才可进行的工作，也是检查电路性能的关键步骤。如果不经过严格的外观检查，则通电检查不仅困难较多，而且容易损坏设备仪器，造成安全事故。通电检查可以发现许多微小的缺陷，例如：用目测观察不到的电路桥接、内部虚焊等。

2

万用表

在维修电工国家职业技能标准中对维修电工技能提出如下要求：

1. 能根据测量目的和要求选用电工仪表。

2. 能使用万用表、兆欧表、电压表、电流表、钳形表、功率表、电能表对电压、电流、电阻、功率、电能等进行测量。

3. 能选用单、双臂电桥并进行测量。

4. 能使用信号发生器、示波器对波形的幅值、频率进行测量。

一、内容简介

本章主要学习常用指针式万用表和数字式万用表的用途，正确选择与使用的方法，使用万用表时注意的事项，还有实际测量操作步骤演示。

二、学习建议

正确选用和使用万用表是一名维修电工必须具备的基本技能。通过学习 2.1 至 2.4 节的内容，了解指针式万用表的用途和使用方法，要特别牢记使用时的注意事项。完成了此部分内容的学习后，在学习 2.6 至 2.8 节的数字万用表知识，就会容易得多。要想熟练掌握这些知识和技能，就必须要多动手多练习，才掌握一些技巧。使用万用表还可以检测很多电器元件，具体内容在本书的第二篇中详细讲述。

三、学习目标

（1）了解指针式万用表和数字式万用表的结构、性能及功能。

（2）能根据工作任务正确选择万用表。

（3）能正确使用万用表进行测量。

通过本章学习，能够掌握万用表的使用方法，为从事维修电工工作打下基础。

2.1　指针式万用表

　　万用表是从事电类工作岗位人员常用的一种仪表。万用表又称为欧姆表，它是用测量机构配合测量电路来实现对各种电量和非电量测量的仪表。

　　一般的万用表都可以用来测量直流电流、交流电流、直流电压、交流电压、音频电平、电阻值、电容容量及晶体管的放大倍数等电量；还可以测量线路的通断、元器件的电阻值；判断二极管、三极管的好坏及引脚极性。图 2-1 是万用表在不同领域的使用。

(a) 检测线路板上电阻的阻值元件

(b) 测量蓄电池的电压

(c) 检测汽车电路通断

(d) 在家电维修中应用

(e) 测量单相电源电压

(f) 测量三相电源电压

图 2-1　万用表在不同领域的使用

2.1.1　指针式万用表的结构

　　万用表的种类很多，分类形式也很多。按其读数形式可分为机械指针式万用表和数字式万用表两类。机械指针式万用表是通过指针摆动角度的大小来指示被测量的值，因此也被称为指针式万用表。数字式万用表是采用集成模/数转换技术和液晶显示技术，将被测量的值直接以数字的形式反映出来的一种电子测量仪表。

先看一下指针式万用表中的一种，图 2-2 是 M-47 型万用表的示意图。

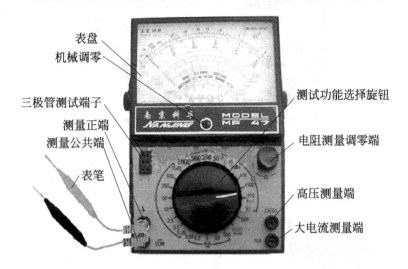

图 2-2　M-47 型万用表示意图

从图中我们看到指针式万用表有表盘，表盘上有很多刻度线和不同的符号，这些符号代表着不同的测量量。如：Ω 代表电阻值，～代表交流电量，HFE 代表三极管的放大系倍数等。除了表盘之外，还有功能选择开关，拨动功能选择开关可以选择不同的功能区域，每一功能区域中都会有不同的挡位，可以根据被测量的预估值选择。表盘上还有调零旋钮和接线插孔及红黑表笔。

使用专业术语描述为：万用表主要由测量机构（习惯上称为表头）、测量线路、转换开关和刻度盘四部分构成。虽然各种类型的万用表外形布置不完全相同，但是这四部分是必不可少的。

（1）表头　指针式万用表的表头通常是采用灵敏度高、准确度好的磁电系测量机构。它是指针式万用表的核心部件。其作用是指示被测电量的数值。指针式万用表性能的好坏，很大程度上取决于表头的质量。

（2）测量线路　测量线路是指针式万用表的中心环节。它实际上包括了多量程电流表、多量程电压表和多量程欧姆表等几种测量线路。正因为有了测量线路，指针式万用表才能满足实际测量中对各种不同电量和不同量程的需要。

表头、测量线路这两部分只有打开万用表的外壳才能看到。对使用者来说知道就可以了。

（3）转换开关　如图 2-3 所示，转换开关用来选择不同的量程和被测量的电量。它由固定触点和活动触点两大部分构成。指针式万用表所用的转换开关有多个固定触点和活动触点。包括交流电压挡、欧姆挡、直流电流挡和直流电压挡四大部分。

（4）表盘　表盘如图 2-4 所示。指针式万用表是多电量、多量程的测量仪表。在测量不同电量时，为了便于读数，指针式万用表表盘上都印有多条刻度线，并附有各种符号加以说明。它们分别在测量不同电量时使用。因此正确理解表盘上各符号、字母的意义及每条刻度线的读法，是使用好指针式万用表的前提。

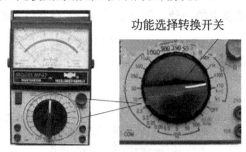

图 2-3　功能选择转换开关

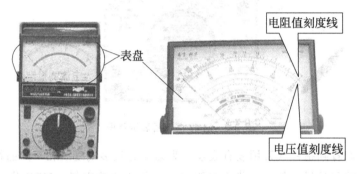

图 2-4　表盘

2.1.2　选用万用表要注意的几项指标

（1）精度（准确度）　指针式万用表的精度也叫准确度。它反映了指针式万用表在测量中基本误差的大小。

基本误差是指指针式万用表在规定的正常温度和放置方式，不存在外界电场或磁场影响的情况下，由于活动部分的摩擦，标尺刻度不准确，结构工艺不完善等原因造成的误差。它是仪表所固有的一种误差。基本误差越小仪表的精度越高。

我们所用的万用表的等级一般在 1.0～5.0 级之间。根据国家标准仪表的规定，准确度可分为七个等级。即 0.1、0.2、0.5、1.0、1.5、2.5 和 5.0 级。

（2）电压灵敏度　电压灵敏度是电压挡内阻与该挡量程电压的比值，其单位为 Ω/V。国产指针式万用表中，电压灵敏度最高的可以达到 100kΩ/V。而一般的指针式万用表电压灵敏度为 20kΩ/V。

在测量电压时，指针式万用表要与被测电路并联，这样会产生分流，从而使测量产生误差。电压灵敏度高时，指针式万用表的内阻比较大，对被测电路的分流小，电压的测量误差较小。同时电压灵敏度愈高，指针式万用表消耗的功率也愈小。

（3）工作频率范围　指针式万用表测量交流电压的电路中，采用了整流二极管元件。而二极管存在极间电容。当被测电压频率很高时，二极管将失去整流作用，从而使测量产生严重的误差。因此指针式万用表测量的交流电压的频率范围受到了限制。一般指针式万用表工作频率范围为 50～2000Hz。

（4）测量范围　指针式万用表测量种类和测量范围也是指针式万用表的重要性能之一。不同型号的指针式万用表，测量的种类和范围也不相同。

（5）指针式万用表的选择电路　测量电压、电流和电阻是指针式万用表的三种基本功能，通过测量转换开关实现。

① 直流电流的测量选择电路。测量直流电流时，通过选择开关的转换使指针式万用表构成电流表，选择的电路如图 2-5 所示。图 2-5(a) 中 I 为被测电流，R 为分流器，PA 为电流表头，被测电流由 A 端流入，B 端流出，流经表头和分流器电流的大小，由分流器的阻值和表头的内阻的比例决定。表头按比例指示被测电流的大小。为扩大量程，指针式万用表的电流测量电路采取扩量程的方法。电路如图 2-5(b) 所示。这是原理性的描述。实际操作时，打开万用表的开关，按照预估值选择直流电流挡位的适当量程，把万用表串接在被测电路中。

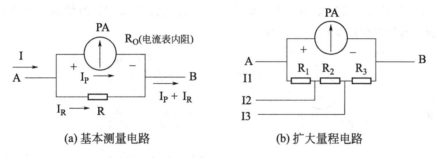

(a) 基本测量电路　　　　　　　　(b) 扩大量程电路

图 2-5　测量直流电流选择电路

② 直流电压测量选择电路。测量直流电压时，通过选择开关的转换使指针式万用表构成电压表，选择的电路如图 2-6 所示。

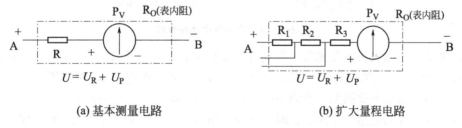

(a) 基本测量电路　　　　　　　　(b) 扩大量程电路

图 2-6　测量直流电压选择电路

被测量加在 A、B 两端，注意电压极性，A 端为正极，B 端为负极。被测电压为分压器压降与表头压降之和，分配比例由表头内阻值和分压器的阻值之比决定。表头按比例指示被测电压的大小。为扩大量程，指针式万表采用了图 2-6(b) 的扩量程电路。

这是原理性的描述。实际操作时，打开万用表的开关，按照预估值选择直流电压挡位的适当量程，把万用表并接在被测电路中。

③ 交流电压测量选择电路。测量交流电压时，通过选择开关的转换使指针式万用表构成交流电压表，选择的电路如图 2-7 所示。分压器、整流二极管 VD1、VD2 和表

头 PA 串联，交流电压正半周时经 VD1 整流后通过表头，VD2 为负半周续流二极管。此测量原理与直流电压是相同。

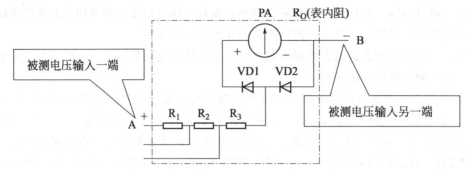

图 2-7　交流电压测量选择电路

这是原理性的描述。进行电压测量操作时，打开万用表的开关，按照预估值选择交流电压挡位的适当量程，把万用表并接在被测电路中。

④ 测量电阻值得选择电路。测量电阻时，通过选择开关的转换使指针式万用表构成欧姆表，选择的电路如图 2-8 所示。

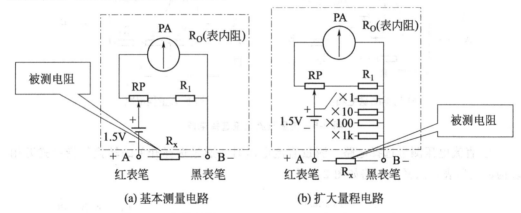

(a) 基本测量电路　　　　(b) 扩大量程电路

图 2-8　测量电阻值得选择电路

欧姆表电路由表头、分流器、调零电位器和电池组成。当 A、B 两端短接时，调节电位器 RP 实现表的电气调零功能。当 A、B 两端接入被测电阻 R_x 时，指针式万用表的指针就直接指示出欧姆值。欧姆表电路换挡原理如图 2-8（b）所示。

这是原理性的描述。实际操作时，打开万用表的开关，按照预估值选择电阻挡位的适当量程，把万用表并联接在被测电阻两端。

万用表欧姆挡刻度线的特点，刻度线最右边是 0Ω，最左边的刻度线为 ∞，而且为非线性。读数方法：表指针所指数值乘以量程挡位，即为被测电阻的阻值。

2.2　指针式万用表的使用方法

（1）指针式万用表使用前的准备　指针式万用表的结构和型式多种多样。表盘、旋钮的分布也各不相同。使用指针式万用表之前，必须熟悉每个转换开关、旋钮、按键、插座和接线柱的作用。了解表盘上每条刻度的特点及其对应的被测电量，这样可以充分发挥指针式万用表的作用，使测量准确可靠，也可以保证指针式万用表在使用中不被损坏。

（2）使用指针式万用表测量前要将其水平放置，指针调零位，如不在零位，应使用一字螺丝刀调整表头下方"机械零位"调整螺钉，将指针调到零位，如图 2-9 所示。

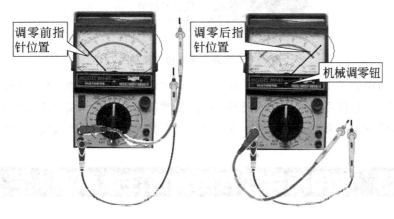

图 2-9 万用表机械零位调整

正确选择指针式万用表上的测量项目及量程开关。选择电阻挡，两表笔短接，进行电气调零如图 2-10 所示。两表笔短接后，指针应该指在零位置，如不在零位置，就要旋转电气调零钮使之归零。

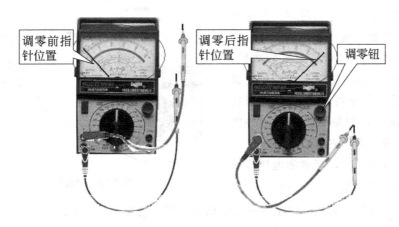

图 2-10 万用表电气零位调整

（3）选择与被测物理量数值相当的挡位。如果不知道被测量值的大小，应选择最大量程。如指针偏转太小，再把量程调小，一般以指针偏转角不小于最大刻度 30％ 为合理量程。在指针式万用表盘上有多条标度线，它们分别在测量不同电量时使用。在选好被测电量种类和量程后，还要在相应的标度线上去读数。如标有"DC"或"—"的标度尺可用来读取直流量；标有"AC"或"∽"的标度线可以用来读取交流量等。测量220V 交流电压如图 2-11 所示。

测量 220V 交流电时，转换开关应置于交流电压挡，并选择量程 250V 或 500V。在

电压:～220V
测量时选择交流
250V挡位
根据所选量程
确定读数刻度线
上的每一小格所
代表的数值
从而确定最终读数

图 2-11　测量交流电压选择量程

读数时，眼睛应位于指针的正上方。对于有反射镜的指针式万用表，应使指针和镜像中的指针相重合。这样可以减小读数误差，提高读数准确性。在测量电流和电压时，还要根据所选择的量程，来确定刻度线上每一个小格所代表的值，从而确定最终的读数值。

2.3　使用指针式万用表应注意事项

（1）测量电阻时，如图 2-12 所示，要将两只表笔并接在电阻的两端，严禁在被测电路带电的情况下测量电阻，或用电阻挡去测量电源的内阻，这相当于接入一个外部电压，将会损坏指针式万用表。

（2）测量电压时，测量电压时应将两表笔并联在被测电路的两端，测量直流电压时应注意电压的正、负极性。如果不知道极性，应将量程旋至较大挡，迅速点测一下，如果指针向左偏转，说明极性接反，应该将红、黑表笔调换（在这种情况下，如果有数字万用表的话最好使用数字万用表）。

（3）测量高压时，当被测电压高于几百伏时必须注意安全，要养成单手操

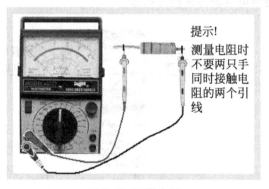

提示!
测量电阻时
不要两只手
同时接触电
阻的两个引
线

图 2-12　测量电阻

作的习惯。事先把一只表笔固定在被测电路的一端，用另一只表笔去碰触测试点。测量1000V 以上的高压时，应把表笔插牢，避免因表笔接触不良而造成打火，或因表笔脱落而引起意外事故。

（4）测量显像管上的高压时，要使用高压探头，确保安全。高压探头有直流和交流之分，其内部均有电压衰减器，可将被测电压衰减 10 倍或 100 倍，高压探头的顶部均带有弯钩或鳄鱼夹，以便于固定。严禁在测较高电压时转动量程开关，以免产生电弧，烧坏转换开关的触点。

（5）测量电流时，万用表要与被测电路串联，切勿将两只表笔跨接在被测电路的两端，以防止万用表损坏。测量直流电流时应注意电流的正、负极性（极性的判别以及量

程的选择同直流电压挡的使用）。若负载电阻比较小，应尽量选择高量程挡，以降低内阻，减小对被测电路的影响。

2.4 实际测量操作

（1）测量电阻的操作　测量时首先调零。选择合适的电阻测量挡位，把两表笔相碰，此时表的指针应在零位。若不在零位，则调整操作面板右侧的"电阻测量调零端"旋钮，使指针正确指在零位，如图2-13（a）所示。

为提高测试精度和保证被测对象的安全，必须正确选择合适的量程。一般测电阻时，指针应指示在面板刻度的20%～80%的范围内，这样测量精度才能满足要求。

测量电阻时，手不要同时接触被测电阻两端，否则，人体电阻就会与被测电阻并联，测量值会大大减小，使测量结果不正确。

在测电路上的电阻时，要将电路电源切断，否则不但测量结果不正确，还会使大电流通过微安表头，烧坏万用表。同时还应把被测电阻的一端从电路上焊开，再进行测量，如图2-13（b）所示，否则测得的是电路在该两点的总电阻。

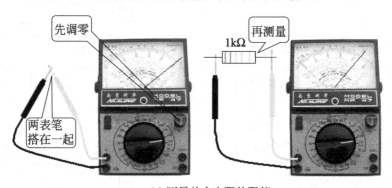

(a) 测量单个电阻的阻值

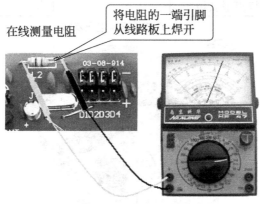

(b) 在线测量电阻的阻值

图 2-13　万用表测量电阻的阻值示意

测量完成后，应注意把量程开关拨在交流电压的最大量程位置，千万不要放在电阻挡上,以防两支表笔短路时将内部电池全部耗尽。

(2)测量直流电压的操作　测量直流电压 MF47 型万用表测量直流电压的挡位共有八个挡位:1000V、500V、250V、50V、10V、3.5V、1V、0.25V。

把万用表并接在被测电路中,在测量直流电压时,应注意被测电压的极性,把红表笔接电压高的一端,黑表笔接电压低的一端。如果不知被测电压极性,则可在电路一端先接好一支表笔,另一支表笔在电路的另一端轻轻地碰一下,如果指针向右摆动,说明接线正确;如果指针向左摆动,说明接线不正确,应将万用表两支表笔位置调换。使用万用表测量直流电压步骤如图 2-14 所示。

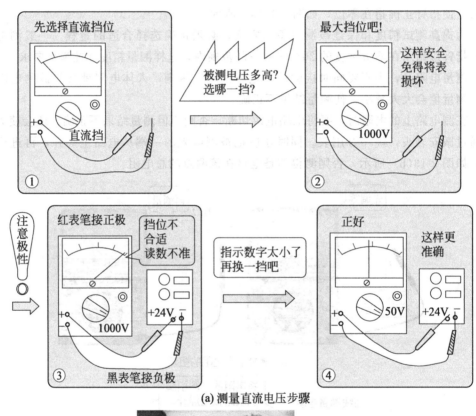

(a) 测量直流电压步骤

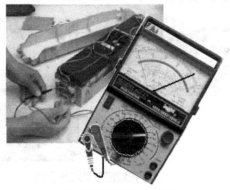

(b) 测量直流电压实例

图 2-14　测量直流电压

为减小电压表内阻引入的误差，在满足指针偏转角大于或等于最大刻度的30%的前提下，应尽量选择大量程挡。因为量程越大，分压电阻越大，表内等效内阻越大，则被测电路引入的误差越小。

（3）测量直流电流的操作　测量直流电流 MF47 型万用表测量直流电流的挡位共有五个：50μA、0.5mA、5mA、50mA、500mA。

把万用表串接在被测电路中时，应注意电流的方向。正确的接法是把红表笔接入电流流入的一端，黑表笔接入电流流出的一端。如不知被测电流的方向，可按测量直流电的方法处理。

在指针偏转大于或等于最大刻度 30% 时，应选用大量程挡，因为量程越大，分流电阻越小，电流表内阻越小，被测电路的引入误差越小。

测量电流时，千万不要在测量过程中拨动量程选择开关，以免产生电弧，烧坏转换开关触点。

（4）测量交流电压的操作　测量交流电压 MF47 型万用表测量交流电压的挡位共有五个挡位：1000V、500V、250V、50V、10V。

在测量交流电压时，不需考虑极性问题，只需把万用表并接在被测电路中即可。值得注意的是，被测交流电压必须是正弦波，其频率应小于或等于万用表的允许值，否则会产生较大误差。在测电压时不要拨动量程开关，以免产生电弧，烧坏转换开关的触点。数字万用表的构成如图 2-15 所示。

易读的大型数字显示

数据保留

直流毫伏
0.1～400mV

直流电压
0.001～1000V

交流电压
0.1mV～1000V

手动和自动量程
欧姆(电阻)
0.1Ω～40MΩ
极管测试,蜂鸣器警示通断

电容
10～100μF

交流/直流安培
0.01～10A

交流/直流毫安
0.01～4000mA

交流/直流微安
0.1～4000μA

大电流测试孔　小电流测试孔　公共测试孔　大电流测试孔

图 2-15　一般数字万用表的构成

在测量大于或等于 100V 的高电压时，必须注意安全，最好先把一支表笔固定在被测电路的公共端，然后用另一支表笔去碰触另一端试点。

2.5　数字式万用表的组成

（1）数字万用表与一般指针式万用表相比具有体积小、功能全、显示直观、测量准确度高、灵敏度高、可靠性好及过载能力强等优点。一般数字万用表的构成如图 2-15 所示。

数字式万用表测量线路主要由电阻、电容、转换开关和表头等部件构成。在测量交流电量的线路中，还使用了整流元件，将交流电变换成为脉动直流电，实现对交流量的测量。

（2）FLUKE17B 型数字万用表的端子如图 2-16 所示。

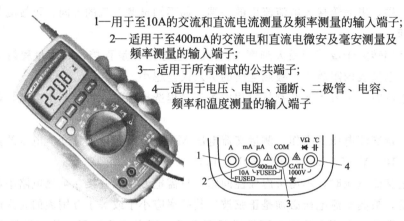

1—用于至10A的交流和直流电流测量及频率测量的输入端子；
2—适用于至400mA的交流电和直流电微安及毫安测量及频率测量的输入端子；
3—适用于所有测试的公共端子；
4—适用于电压、电阻、通断、二极管、电容、频率和温度测量的输入端子

图 2-16　FLUKE17B 型数字万用表的端子

2.6　选用数字式万用表

数字式万用表可测量交直流电压、交直流电流、电阻、二极管、电路通断、三极管、电容、温度和频率。在选择和使用数字万用表时，要注意表 2-1 中的数据。根据实际用途和测量精度要求，以及价格等因素选购万用表。

表 2-1　数字万用表主要技术指标

测量量	量程	分辨力	准确度±(%读数+ 数字)	备　注
直流电压	200mV	0.1mV	±(0.5%+1)	输入阻抗:约为 10MΩ 过载保护:1000V AC(除 200mV 挡为 250V AC 外)
	2V	1mV		
	20V	10mV		
	200V	100mV		
	1000V	1V	±(0.8%+2)	
交流电压	2V	1mV	±(0.8%+2)	输入阻抗:约为 10MΩ 过载保护:1000V AC 频率响应:40Hz~1kHz<500V 40Hz~400Hz≥500V,≥500Hz
	20V	10mV		
	200V	100mV		
	1000V	1V	±(0.8%+1)	

续表

测量量	量程	分辨力	准确度±(% 读数+ 数字)	备　注
直流电流	20μA	0.01μA	±(0.8%+1)	过载保护:μA、mA 挡保险丝 0.5mA250V,A 量程无保险丝 提示: 当大于 10A 时,测量时间要小于 10s,测量间隔大于 15min
	2mA	1μA		
	20mA	10μA		
	200mA	mA	±(1.5%+1)	
	20A	10mA	±(2%+5)	
交流电流	1μA	1μA	±(1.0%+3)	频率响应:40Hz—1kHz 过载保护:mA 挡:保险丝 0.5mA,A 挡无保险丝 提示: 当大于 10A 时,测量时间要小于 10s,测量间隔大于 15min
	0.1mA	0.1mA	±(1.8%+3)	
	10mA	10mA	±(3.0%+5)	
电阻	200Ω	0.1Ω	±(0.8%+3)+表笔电阻	过载保护:250V AC
	2kΩ	1Ω	±(0.8%+1)	
	20kΩ	10Ω		
	2MΩ	1kΩ		
	20MΩ	10kΩ	±(1.0%+2)	
	200MΩ	100kΩ	±[5%(读数-10)+10]	
二极管	▷⊢	1mV	开路电压约为 3V,硅 PN 结正常电压约为 500~800mV	过载保护:250V AC
电路通断	♪	1Ω	开路电压约为 3V,电路断开电阻设定为＞70Ω,蜂鸣器不发声,电路良好导通电阻值为≤10Ω,蜂鸣器连续发声	
电容	2μF	1pF	±(4.0%+3)	测试频率:约 400Hz 保险丝 0.5mA 250V
	200μF	0.1nF		
	100μF	0.1μF	±(5.0%+4)[①]	

① ≥40μF 测量仅供参考。

从表中可知:数字万用表具有测量直流电压、交流电压、直流电流、交流电流、电阻值、电容值、判断二极管、电路通断的功能。

测量直流电压共有 5 个量程,最大 1000V,最小 200mV。可以根据被测量的预估值选择对应的挡位。

测量交流电压共有 4 个量程,最大 1000V,最小 2V。可以根据被测量的预估值选择对应的挡位。

测量直流电流共有 5 个量程,最大 20A,最小 20μA。可以根据被测量的预估值选择对应的挡位。

测量电阻值共有 6 个量程，最大 200MΩ，最小 200Ω，可以根据被测量的预估值选择对应的挡位。

电路通断挡位（蜂鸣），将数字万用表的 200Ω 电阻挡配上蜂鸣器电路，即可检测线路的通断。其优点是操作者不必观察显示值，只需注视被测线路和表笔，凭有无声音及是否发光来判定线路的通断，不仅操作简便，而且能大大缩短检测时间。但必须注意，不同型号的表，所设定电路良好导通，使蜂鸣器连续发声的电阻值是不一样。

2.7　使用数字式万用表前的准备

警告！REL 模式下显示警示符号时，由于危险电压可能存在，请务必当心！

（1）使用之前，应仔细阅读数字万用表的说明书，熟悉电源开关、功能及量程转换开关、功能键、输入插孔、专用插口、旋钮、仪表附件的作用。使用前检查项目如图 2-17 所示。

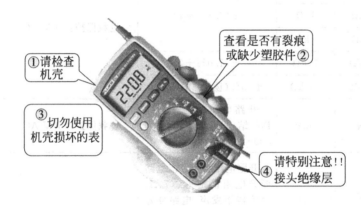

图 2-17　使用前检查项目

（2）确认电池已装好，电量充足之后，才允许进行测量。了解万用表的极限参数，注意出现过载显示、极性显示、低电压指示、其他标志符显示以及声光报警的特征，掌握小数点位置的变化规律。

（3）测量前，需要仔细检查表笔绝缘部分有无裂痕，表笔线的绝缘层是否破损，表笔位置是否插对，以确保操作人员的安全。安全性检查项目如图 2-18 所示。

（4）确认所选测量挡位与被测量相符合，以免损坏仪表。假如事先无法估计被测电压（或电流）的大小，应先拨至最高电压量程挡位试测一次，再根据情况选择合适的量程。

（5）每一次准备测量时，务必再核对一下测量项目及量程开关是否拨对了位置，输入插孔（或专用插口）是否选对。对于自动转换量程式数字万用表，也要注意不得按错功能键，表笔不要差错孔位。操作如图 2-19 所示。

（6）使用时不要超出极限值。如图 2-20 所示。

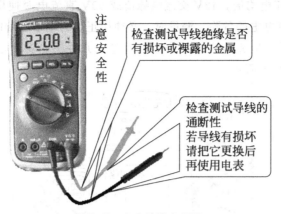

图 2-18 安全性检查项目

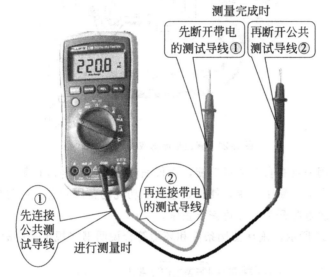

图 2-19 操作顺序

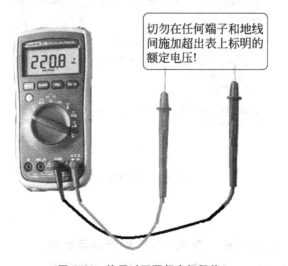

图 2-20 使用时不要超出极限值

在超出 30V 交流电均值，42V 交流电峰值或 60V 直流电时使用数字万用表请特别留意，该类电压会有电击的危险。测量时，必须用正确的端子、功能和量程。

（7）测量电流前，应先检查万用表的保险丝，并关闭电源，才将万用表与电路连接。具体方法如图 2-21 所示。

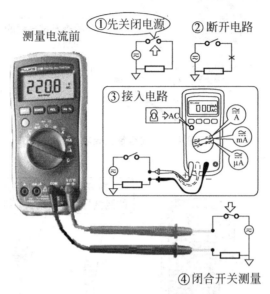

图 2-21　测量电流前应先检查项目

（8）数字万用表具有自动关机功能，当仪表停止使用或停留在某一挡位的时间超过规定时间时，能自动切断主电源，使仪表进入低功耗的备用状态。此时仪表不能继续测量，必须按动两次电源开关，才可恢复正常。

（9）如图 2-22 所示，确认使用条件和环境符合说明书之规定，有故障及时修理。

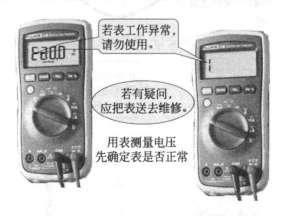

图 2-22　注意事项

👆**注意**

① 切勿在爆炸性的气体、蒸汽或灰尘附近使用本表；

② 使用测试探针时，手指应保持在保护装置的后面；

③ 测试电阻、 通断性、 二极管或电容以前, 必须先切断电源, 并将所有的高A 电容器放电;

④ 测量操作提醒: 对于数字万用表所有的直流电功能, 包括手动或自动量程, 为避免由于可能的不正确读数而导致电击的危险, 请先使用交流电功能并确认是否有任何交流电压存在。 然后, 选择一个等于或大于交流电量程的直流电压量程。

2.8　使用数字万用表测量电压操作

第一步　预估被测量电压值的大小, 一般电压在 380V 以下, 将红表笔插入电压测量孔, 和表笔插入公共孔 (COM)。

第二步　打开数字万用表的电源开关, 此时数字万用表显示屏上有数字显示。

第三步　选择交流 500V 以上的挡位, 万用表的型号不同, 测量挡位也不同, 一般有 200V、500V、(或 600V)、1000V 等几个挡位。

第四步　现将黑表笔接触被测量元件一端或一条线路, 红表笔接触被测量元件另一端或另一条线路, 一定要接触牢固, 等待几秒钟, 万用表显示屏上所显示的数字就是所测量的电压值, 如图 2-23 所示。

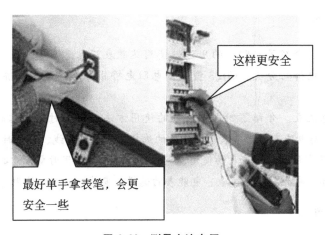

这样更安全

最好单手拿表笔, 会更安全一些

图 2-23　测量交流电压

第五步　完成读数后, 把表笔从测量点拿开, 如果较长时间不再使用万用表, 请关闭电源开关。

3

电工仪表

在维修电工国家职业技能标准中对维修电工技能提出如下要求：

（1）能根据测量目的和要求选用电工仪表。

（2）能使用万用表、兆欧表、电压表、电流表、钳形表、功率表、电能表对电压、电流、电阻、功率、电能等进行测量。

（3）能选用单、双臂电桥并进行测量。

（4）能使用信号发生器、示波器对波形的幅值、频率进行测量。

一、内容简介

3.1　兆欧表。介绍了兆欧表的用途，使用兆欧表应注意事项。

3.2　电桥。电桥的分类，QJ23型直流电阻电桥指标与结构，电桥使用方法，使用注意事项。

3.3　钳形电流表。介绍了钳形电流表的使用方法，使用时要注意的事项。

3.4　功率表与电能表。功率表、电能表的选择、安装、接线、使用时要注意的事项。

本章主要学习常用钳形电流表的使用、怎样正确选择、使用时要注意的事项，还有实际测量操作步骤演示。也介绍了功率表、电能表的选择、安装、接线、使用时要注意的事项。

二、学习建议

学习本章内容时，应该重点放在各种表的使用方法上，最好结合实际操作，体会使用方法，总结使用技巧。只有勤动手多练习，才掌握一些使用技巧。

三、学习目标

（1）了解兆欧表、钳形电流表的结构、性能、功能。

（2）能根据工作任务正确选择和使用兆欧表、钳形电流表。

（3）正确选择电能表和功率表，并能正确安装和接线。

通过本章学习，能够正确选择和使用兆欧表、钳形电流表、功率表和电能表，为从事维修电工工作打下基础。

3.1 兆欧表

3.1.1 兆欧表的用途

兆欧表又称摇表。它是专供用来检测电气设备、供电线路的绝缘电阻的一种可携式仪表，如图 3-1 所示。

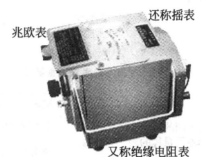

兆欧表

还称摇表

又称绝缘电阻表

图 3-1　兆欧表

如果被测线路、设备的电阻值非常大，达到了几兆欧或几十兆欧，那么使用万用表测量就很难准确得到测量数值，此时就要使用兆欧表进行测量。

3.1.2 使用兆欧表应注意事项

选用兆欧表时，一是要注意额定电压范围，其额定电压一定要与被测电气设备或线路的工作电压相适应，不能用电压过高的绝缘电阻表测量低电压电气设备的绝缘电阻，以免设备的绝缘受到损坏。二是测量范围，兆欧表测量范围的选择，测量范围不要超出被测绝缘电阻的数值过多，以免读数时产生较大的误差。

使用兆欧表应注意事项如图 3-2 所示。

（1）选择量程　测量不同的电器，选择不同量程的表如图 3-3 所示。

（2）使用前的检查　绝缘电阻表在测量前应先进行检查，其方法如图 3-4 所示。将绝缘电阻表平稳放置。先使 "L"、"E"，两个端钮开路，摇动手摇发电机的手柄，使发电机的转速达到额定转速，这时指针应指向标尺的 "∞" 处。然后再将 "L" 和 "E" 短接，缓慢摇动手柄，指针应指在 "0" 位上。如果指针位置不对，应对绝缘电阻表检修后才能使用。

（3）正确接线　如图 3-5 所示。兆欧表的接线柱有三个，分别标有 L（线路）、E（接地）和 C（屏蔽）。在进行一般测量时，将被测绝缘电阻接在 L 和 E 之间。接线时，应选用单股导线分别单独连接 L 和 E，不可用双股导线或绞线，因为线间的绝缘电阻会影响测量结果。

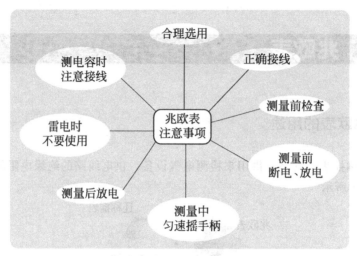

图 3-2 使用兆欧表应注意事项

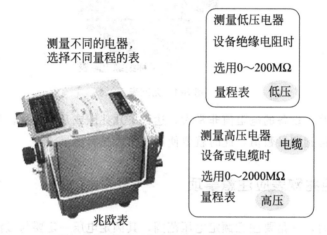

图 3-3 测量不同的电器选择不同量程的表

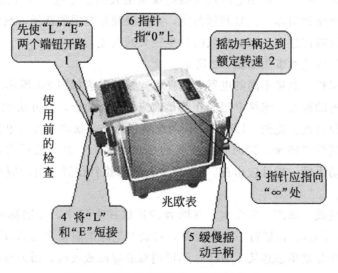

图 3-4 兆欧表测量绝缘电阻前的检查

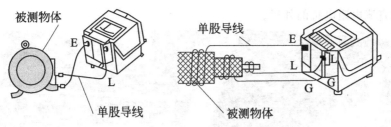

图 3-5 兆欧表测量绝缘电阻的接线

（4）使用兆欧表测量前，要切断被测设备的电源，并对被测设备进行充分的放电。保证被测设备不带电。测量中，发电机的手柄应由慢渐快地摇动，不要忽快忽慢，一般规定 120r/min 左右。当发现指针指零，说明被测绝缘物有短路现象，应立即停止摇动。测量后，用兆欧表测试过的电气设备，也要及时放电，如图 3-6 所示。

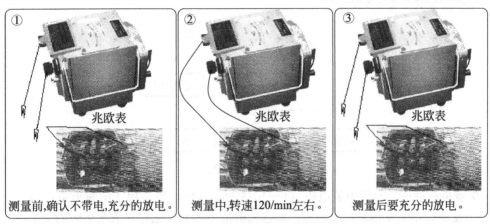

图 3-6 兆欧表测量绝缘电阻时注意事项

（5）测量电解电容器的介质绝缘电阻时，应按电容器耐压的高低选用绝缘电阻表，注意电容器的正极接"L"，负极接"E"，不可反接，否则会使电容器击穿。

※**注意**

当兆欧表没有停止转动和被测物没有放电前，不可用手去触及被试物的测量部分，或进行拆除导线的工作。

禁止在雷电时使用兆欧表，附近带有高压电的导线或设备不能用兆欧表进行测量，只有在设备不带电也不可能受其他电源感应时才能用兆欧表进行测量。

↘ 3.2 电桥

3.2.1 电桥的分类

电桥是用来测量电感、电容和阻抗的仪表，其特点是灵敏度和准确度较高。图 3-7

是 QJ23 型直流电阻电桥的外形。

图 3-7　QJ23 型直流电阻电桥的外形

电桥的分类如图 3-8 所示。

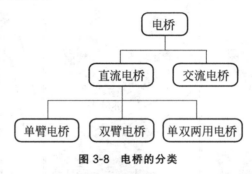

图 3-8　电桥的分类

单臂电桥适用于测量中值电阻（$1\sim10M\Omega$），双臂电桥适用于测量低值电阻（$1\sim10\Omega$）。交流电桥主要用来测量电感、电容和阻抗等参数，也有能兼测电阻的交流电桥。直流单臂电桥不适合测量小电阻，直流双臂电桥可以测量小阻值的电阻。

3.2.2　QJ23 型直流电阻电桥指标与结构

以 QJ23 型直流电阻电桥为例，说明电桥的结构和使用方法及使用时应该注意的事项。

（1）QJ23 型直流电阻电桥指标　如表 3-1 所示。采用惠斯顿电桥线路，具有内附指零仪，可以内装电池。

表 3-1　QJ23 型直流电阻电桥指标

名称	指标	使用条件
总有效量程	$0\sim9.999M\Omega$	有效量程 $<1M\Omega$，温度使用范围 $5\sim35℃$，相对湿度：$25\%\sim80\%$； 有效量程$\geqslant1M\Omega$，温度使用范围 $10\sim30℃$，相对湿度：$25\%\sim75\%$
量程	$10\Omega\sim9.999K\Omega$	
准确度等级	0.2	
测量盘	$9\times1\Omega+9\times10\Omega+9\times100\Omega+9\times1000\Omega$	
残余电阻	$\leqslant0.02\Omega$	
量程倍率	$\times0.001$、$\times0.01$、$\times0.1$、$\times1$、$\times10$、$\times100$、$\times1000$	
内附电池	2 号电池三节	

（2）结构与线路 QJ23 型直流电阻电桥主要是由测量盘、量程变换器、内附指零仪及电源等组合而成。全部部件安装在箱内，携带方便。QJ23 型直流电阻电桥的面板结构如图 3-9 所示。

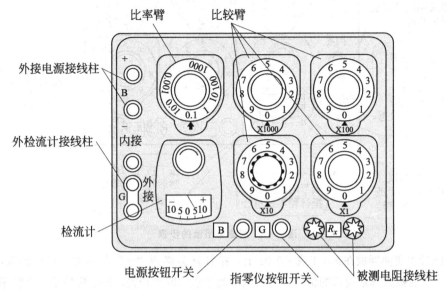

图 3-9 QJ23 型直流电阻电桥的面板结构

测量盘由比较臂，四组电阻器组合成步进开关（全部阻值为 9999Ω），量程变换器采用差值式，其总阻为 1000Ω，因此量程变换器开关上电刷接触电阻归纳到电源回路，对电桥精度没有影响。

内部电阻全部采用低温度系数锰铜线以无感式绕制于瓷管上，并经过人工老化和浸漆处理，故阻值稳定、准确。需要外接高灵敏度指零仪时，将"内"接线端钮用短路片短路，在"外"接线端钮上外接指零仪。

按钮"B"和按钮"G"为测量时用。用以分别接通电源和指零仪，并按顺时针方向旋转时，可以锁住。

3.2.3 电桥使用方法

将被测试电阻器接到"Rx"两接线端钮上。具体操作步骤如图 3-10 所示。

在测量之前，首先要预估被测电阻 Rx 的阻值。在一般正常情况下，量程变换器放在 ×1 上，测量盘拨至 1000Ω 上，按下按钮"B"，然后轻触指零仪的按钮"G"，这时观察指零仪指针向"+"或"−"方向偏转，如果指针向"+"的一边偏转，说明被测试电阻 Rx 大于 1000Ω。

改变测量倍率，把量程变换器放在 ×10 上，再次按动"B"和"G"按钮，如果仍向"+"一边偏转，说明倍率选择仍然不合适；

再次选择倍率，把量程变换器放在 ×100 上，如果开始时指针向"−"一边晃动，则可知测试电阻器 Rx 小于 1000Ω；

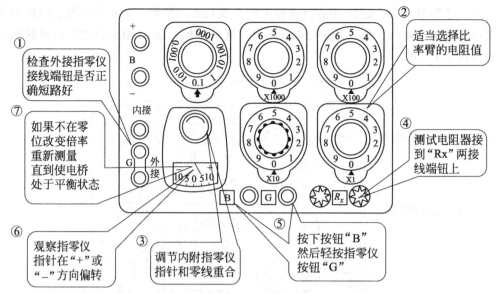

①
检查外接指零仪接线端钮是否正确短路好
②
适当选择比率臂的电阻值
③
调节内附指零仪指针和零线重合
④
测试电阻器接到“Rx”两接线端钮上
⑤
按下按钮“B”然后轻按指零仪按钮“G”
⑥
观察指零仪指针在“+”或“–”方向偏转
⑦
如果不在零位改变倍率重新测量直到使电桥处于平衡状态
X1000
X100
X10
X1
内接
外接
B
G

图 3-10 测量电阻值的步骤

可把量程变换器放在×0.1或×0.01上，指针就会移到“+”的一方，可得到Rx的大约数值，然后根据选定量程的倍率，再次调节测量盘的四个开关，使电桥处于平衡状态。

3.2.4 使用注意事项

使用电桥测量注意事项如图 3-11 所示。使用双臂电桥时应注意的事项如图 3-12 所示。

① 测量电机、变压器时必须先按“B”按钮再按“G”按钮,断开时,先放开“G”,再放开“B”

② 特别要注意测量盘×1000读数盘不可放在“0”上

③ 用完毕后将“B”和“G”按钮松开

④ 外接电源电压值要按说明书的规定,开始时先用较低电压,在电桥大致达到平衡后逐渐将电压升高

图 3-11 使用电桥测量注意事项

① 被测电阻的电流端钮应接双臂电桥的C、C2,电位端钮接电桥的P、P2

② 实际测量时,被测电阻一般只有两个接线端,要从被测电阻引出四根线

③ 要使被测电阻的电位端钮位于电流端钮的内侧

④ 注意接线尽量短、粗而且接触要紧密

⑤ 测量时要迅速以免耗电量过多

图 3-12 使用双臂电桥时应注意的事项

3.3　钳形电流表

钳形电流表是一种不需要断开电路就可以直接测量电流的电工仪表。其外形如图 3-13 所示。

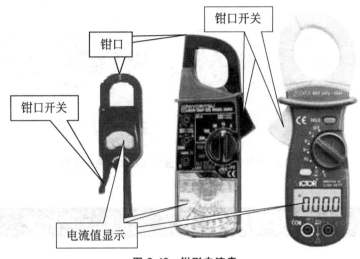

图 3-13　钳形电流表

3.3.1　使用方法

使用钳形电流表测量电流的操作步骤如图 3-14 所示。

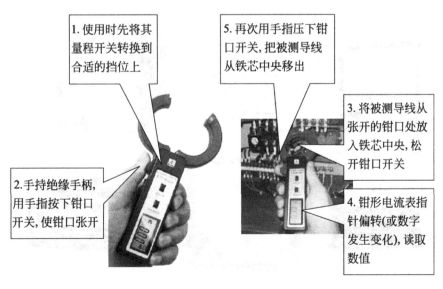

1. 使用时先将其量程开关转换到合适的挡位上

2. 手持绝缘手柄,用手指按下钳口开关,使钳口张开

5. 再次用手指压下钳口开关,把被测导线从铁芯中央移出

3. 将被测导线从张开的钳口处放入铁芯中央,松开钳口开关

4. 钳形电流表指针偏转(或数字发生变化),读取数值

图 3-14　使用钳形电流表测量电流的操作步骤

3.3.2　钳形电流表使用时要注意的事项

使用钳形电流表测量电流是为了安全和准确，需注意图 3-15 中的事项。

1.不能使用小电流挡位测量大电流，如果不清楚被测电流的大小，要从最大电流挡位开始

2.被测电路的电压不能超过钳形电流表所规定的使用电压

4.被测导线必须放在贴心的中央位置

3.测量过程中不能转换挡位

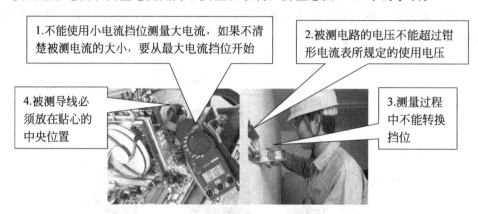

图 3-15　使用钳形电流表测量电流应该注意的事项

3.4　功率表与电能表

3.4.1　功率表

（1）功率表　是用来测量电路中功率的电工仪表。图 3-16 实际中常用的功率表。分为单相和三相两种功率表，功率表有两组线圈，一组电流线圈，另一组电压线圈。

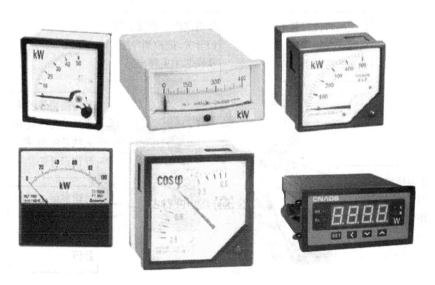

图 3-16　常用功率表实物图片

（2）接线　电流线圈与负载串联相接，电压线圈与负载并联相接。电功率表原理接线如图 3-17 所示。功率表的实际接线方式如图 3-18 所示。电流、电压线圈均有一端带"＊"，此端称为"电流端"或"电压端"，统称为"发电机端"。

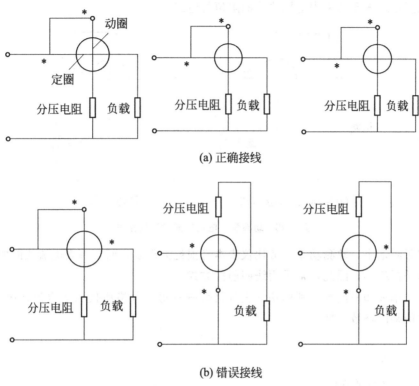

(a) 正确接线

(b) 错误接线

图 3-17　接线方式

图 3-18　功率表的实际接线方式

功率表接线时，标有"＊"电流端钮必须接电源，另一端接负载。电流线圈串入电路中。

功率表接线时，标有"＊"电压端钮必须接电源的同极性的端子上，另一端接负载。电压线圈并联在电路中。

如果发现指针反转，应把电流端换接，不要把电压端换接。

功率表中电压线圈的不同接法，对测量结果是有影响的。图 3-19（a）所示接法叫电压线圈前接方式，图 3-19(b) 所示接法叫电压线圈后接方式。使用电压线圈前接方式，功率表的读数包括表的电流线圈所消耗功率，适合负载电阻远远大于功率表电流线圈的阻值的电路。使用电压线圈后接方式，功率表的读数包括表的电压线圈所消耗功率，适合负载电阻远远大于功率表电压线圈的阻值的电路。

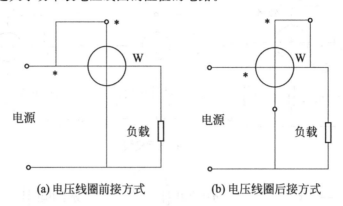

(a) 电压线圈前接方式　　　　　　(b) 电压线圈后接方式

图 3-19　功率表中电压线圈的不同接法

在实际测量中，被测功率一般比仪表本身损耗大得多，而功率表电流线圈的损耗比电压线圈的损耗小，因此，常采用线圈前接方式。

（3）功率表如何读数　利用功率表分格表查找每一分格所代表的电流、电压数值，再将此数值乘以格数。即

$$P = Ca$$

式中　　P——功率；

　　　　C——分格常数；

　　　　a——指针偏转格数。

分格常数有功率表单位使用说明书提供。例如使用电压量程为 300V，电流量成为 10A，满刻度为 100div 的功率表测量电路的功率是，指针偏转个数为 80div，所测功率为 2400W。次数据有下面公式计算得到。

$$C = U_N I_N / a_m = 300 \times 10 / 100 = 30 \text{W/div}$$
$$P = C \times a = 30 \times 80 \text{div} = 2400 \text{W}$$

（4）接线实例　使用一块单相功率表测量三相对称负载的功率。其接线如图 3-20 所示。

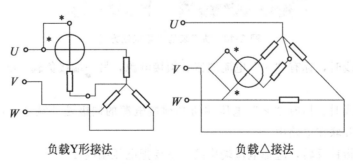

负载Y形接法　　　　　　　　　负载△接法

图 3-20　一表法测三相功率

图 3-21 是使用三表法测量三相四线制不对称负载功率的接线。

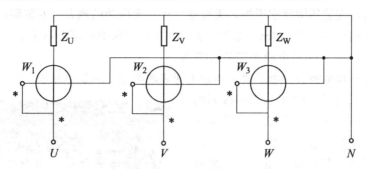

图 3-21　三表法测量三相四线负载功率

三相功率表氛围"二元三相功率表"和"三元三相功率表"两种。"二元三相功率表"适合测量三相三线制或负载完全对称的三相四线制电路的功率。而"三元三相功率表"适合用于测量一般三相四线制电路的功率。

（5）使用功率表要注意的事项。

① 正确选择量程。在实际测量工作中，功率因数往往不等于 1，选择功率表时，仅仅考虑功率不超过量程是不够的，要考虑电流量程和电压量程。也即是电流量程和电压量程要同时大于负载电流和电压值。

② 正确接线。接线时要确保流入两个线圈的电流都从标有"＊"端按钮流入。而且从"＋"极到"－"极。测量时如果接线正确，指针反偏，说明负载是输出功率的，此时，可变换电流线圈的接线，或转换极性开关，使指针正偏转。

③ 正确读数。便携式功率表一般为多量程，只有一条标尺线。只指示格数而不指示功率瓦数。读完格数时，要经过计算才能得到功率数值。

3.4.2　电能表

（1）电能表　电能表是测量某一时段内发电机发出的电能，或负载所消耗电能的仪表。图 3-22 是两种电能表的实物图片。电能表不仅能反映出功率的大小，而且能够反映出电能随时间增长积累的总和。按照电能表测量的电能量不同分为单相电能表和三相电能表。

图 3-22　电能表　　　　　　　　　　　**图 3-23　电能表安装**

（2）如何安装电能表。一般将电能表安装在表板上。表板可以是木质的，也可以是塑料或金属的。安装环境要求干燥，无腐蚀气体、无振动的地方。安装距离要求，表的下沿距地面的距离要大于 1.3m。如果是多表安装，表间中心距离不小于 200mm，表身要与地面处置。图 3-23 是电能表安装的实例。

（3）如何选择电能表　根据要求选择电能表的类型。测量单相用电时，使用单相电能表。测量三相电时，使用三相四线制的电能表，或使用三只单相电能表。考虑测量精度，准确度有 1 级和 2 级之分。另外，就是电能表所能应用的电流范围，一般在 125％额定电流。

根据负载的电流、电压，选择电能表的量程。电能表的额定电压与负载电压相等，额定电流大于负载电流。

图 3-24　电能表端子接线

（4）电能表接线时要注意事项　接线之前，要认真阅读使用说明书。严格按照说明书的要求接线。将电流、电压线圈带"＊"的一端同时接在电源的统一极性端，相序要正确，图 3-24 是电能表端子接线。

图 3-25 是带互感器的接线示意图。

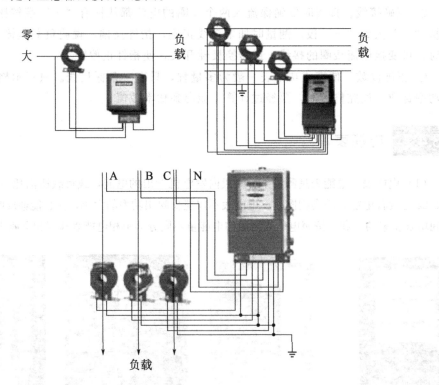

图 3-25　带互感器的接线示意图

（5）从电能表上正确读数　没有使用互感器的接线，可以直接从电能表上读取数值。使用电流、电压互感器的接线，要考虑变比系数。

（6）测量单相交流电路消耗的电能 将单相电能表的电流线圈串接在负载电路中，电压线圈并接在负载两端（注意："＊"端子接法）。

测量三相四线制电路所消耗的能量。可使用一个单相电能表测量一相所消耗的电能，然后乘以 3 即可（适用于三相平衡电路，电压为相电压），如图 3-26 所示。

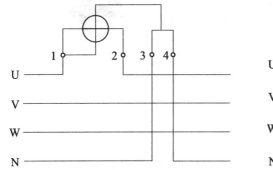

图 3-26 测量三相四线制电路
所消耗的能量电路

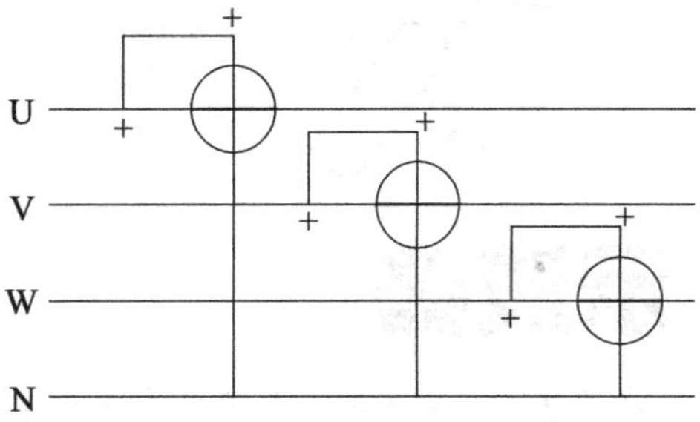

图 3-27 三个单相电能测量不对称
三相四线制线路的电能电路

使用三个单相电能表测量不对称三相四线制线路的电能，如图 3-27 所示。分别测量每一相所消耗的电能，然后相加即可。

使用三相四线制电能表直接测量三相四线制电路的电能，如图 3-28 所示。

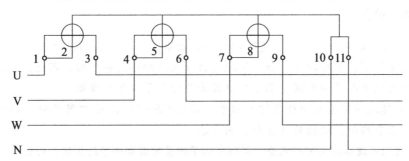

图 3-28 使用三相四线制电能表直接测量三相电能电路

测量三相三线制电路所消耗的电能。使用三相三线有功电能表测量三相三线制电路所消耗的电能，如图 3-29 所示。

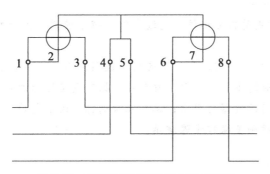

图 3-29 使用三相三线有功电能表测量

示波器

在维修电工国家职业技能标准中对维修电工技能提出如下要求：

1. 能根据测量目的和要求选用电工仪表。

2. 能使用万用表、兆欧表、电压表、电流表、钳形表、功率表、电能表对电压、电流、电阻、功率、电能等进行测量。

3. 能选用单、双臂电桥并进行测量。

4. 能使用信号发生器、示波器对波形的幅值、频率进行测量。

一、内容简介

4.1 示波器的用途。示波器是一种综合性的电信号测量仪器，是用来检测和观测电信号的电子仪器，它可以观测和直接测量信号电压的幅度和周期，因此，一切可以转化为电信号的电学参量和物理量都可转换成等效的信号波形来观测。

4.2 双通道示波器前面板各键的功能。以 MOS-620CH 示波器为例，详细介绍了示波器面板上各按键、旋钮的功能和使用方法。

4.3 使用示波器测量前的调整。详细介绍了测量前需要调整的按键、旋钮及调整步骤。

4.4 使用示波器测量电压。通过实例介绍了使用示波器观测电压的基本步骤和方法。

4.5 使用示波器测量信号周期和频率。通过实例介绍了使用示波器观测信号周期和频率的基本步骤和方法。

4.6 使用示波器测量信号相位。通过实例介绍了使用示波器观测信号相位的基本步骤和方法。

4.7 使用示波器测量实例。介绍了使用示波器测量 555 定时器构成占空比可调的方波发生器的输出波形的步骤，使用示波器测量振荡电路输出波形的方法。

本章主要学习常用示波器的用途；怎样正确选择示波器与使用的方法；使用示波器时要注意的事项及实际测量操作步骤演示。

二、学习建议

正确选用和使用示波器是一名维修电工必须具备的基本技能。通过学习本章内容，了解示波器的用途和使用方法。要特别牢记使用时的注意事项。要想熟练掌握了这些知识和技能，就必须要勤动手多练习。学会一种示波器的使用，可以举一反三，再学习其他类型示波器的使用，就容易得多了。

三、学习目标

1. 了解示波器的结构、性能、功能。
2. 能根据工作任务正确选择示波器。
3. 能正确使用示波器进行测量。

通过本章学习，能够正确选择和正确使用，为从事维修电工工作打下基础。

4.1　示波器的用途

　　示波器是一种综合性的电信号测量仪器，是用来检测和观测电信号的电子仪器，它可以观测和直接测量信号电压的幅度和周期，因此，一切可以转化为电信号的电学参量和物理量都可转换成等效的信号波形来观测。如电流、电功率、阻抗、温度、位移、压力、磁场等电参量波形，以及它们随时间变化的过程都可用示波器来观测。为保证示波器的正确使用及测量的准确度，在操作过程中应注意：

　　① 使用前要详细阅读说明书，严格按照说明书的操作步骤操作。

　　② 使用前要详细检查旋钮、开关和电源线有无问题，如有断裂或损坏，应及时修理。

　　③ 使用时，亮度旋钮不要开得过亮，防止烧坏荧光粉而形成斑点，暂时不观察波形时，应将扫描线调暗。

　　④ 被测信号的电压幅度不能超过示波器允许的最大输入电压。一般示波器给定的允许最大电压值为峰-峰值，而不是有效值。

　　图 4-1 是一种示波器的外形图。

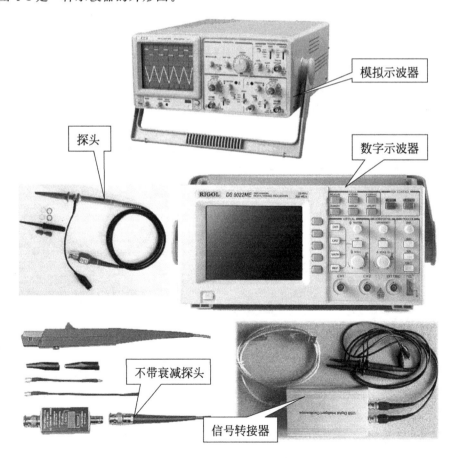

图 4-1　模拟示波器和数字示波器

4.1.1　示波器的用途

示波器是测量信号波形的专用仪器，它可以把电压的变化作为一个时间函数描绘出来，示波器是电压表的一种特殊形式，与一般的电压表相比，可以提供更多的信息。示波器作为一种用来分析电信号的时域测量和显示仪器，可以对一个脉冲电压的上升时间、脉冲宽度、重复周期、峰值电压等参数进行测量。另外示波器在电工电子设备的检修过程中非常重要，它可以将电路中的电压波形、电流波形直接显示出来，检修者可以根据检测的波形形状、频率、周期等参数来判断所检测的设备是否有故障。示波器还可以检测直流信号，利用示波器可以提高维修效率，尽快找到故障点。示波器的主要特点有：

① 能显示电信号的波形，便于观察波形的变化规律。
② 测量灵敏度高，可测量幅度较小的信号，且具有较强的过载承受能力。
③ 输入阻抗较高，对被测网络的影响较小。
④ 工作频率高，响应速度快，便于观察波形瞬变的细节。
⑤ 具有 X-Y 工作方式，可描绘出任何两个量之间的函数关系。

4.1.2　示波器的分类

示波器的种类有很多，可以根据示波器的测量功能、显示信号的数量和测量范围等来进行分类。

（1）按测量功能分为模拟示波器和数字示波器两类。模拟示波器是一种实时监测波形的示波器。在实际应用中，模拟示波器不仅能观察周期性信号，如正弦波、方波、三角波等波形信号，还能观察一些复杂的周期信号，如电视机的电视信号等。

数字示波器一般都具有存储记忆功能，能存储记忆测量过程中任意时间的瞬时信号波形，因此又称之为数字存储示波器。它可以将变化信号捕捉一瞬间进行观测。随着科学技术的发展，数字存储示波器功能越来越多，现在市场上出现了携带方便的手持式数字存储示波器。一般示波器的基本结构组成如图 4-2 所示。

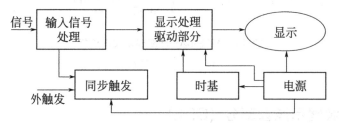

图 4-2　示波器基本结构组成框图

图中显示部分是示波器的重要部分，对模拟示波器而言，它是由示波管组成；对数字示波器而言它是由液晶显示器组成。

（2）按显示波形数量分为单通道示波器、双通道和多通道示波器。单通道示波器只有一个信号输入端，在屏幕上只能显示一个信号，它只能检测一个信号波形的形状，频率和周期不能进行两个及以上信号比较。双通道示波器有两个信号输入端，可以在显示屏上同时显示两个不同信号的波形，并能对两个信号的频率、相位、波形等信号进行比较。显示三种以上信号的示波器为多通道示波器。

（3）根据示波器的测量信号的频率范围分为超低频示波器、低频示波器、中频示波器、高频示波器和超高频示波器。低频示波器、中频示波器是最常用的示波器，一般测量频率约为1~40MHz之间，常见的类型有20MHz、30MHz、40MHz信号示波器。高频示波器主要是测量高频信号的示波器，常见的频率有100MHz、150MHz、200MHz、300MHz等。超高频示波器适用于1000MHz以上的超高频信号。

4.2 双通道示波器前面板各键的功能

示波器有多种，面板按键和调整旋钮虽然不同，但是基本功能相似。以MOS-620CH双通道示波器为例，介绍示波器前面板各键的功能。MOS-620CH双踪示波器面板如图4-3所示。各键功能分为四部分：示波器管部分、垂直轴部分、触发部分和时基部分。

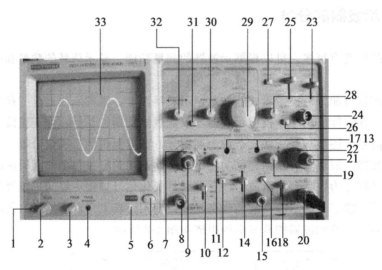

图4-3 MOS-620CH双踪示波器面板

（1~33注释见下文）

4.2.1 示波器示波管部分（CRL）

（1）校准信号（1CAI）　提供幅度为2VPP频率为1kHz的方波校正信号，用于校正10：1探头的补偿电容器和检测示波器垂直与水平的偏转因数。

（2）亮度（2INTEN）　调节轨迹或亮点的亮度。

（3）聚焦（3FOCUS）　调节轨迹或亮点的聚焦，如图 4-4 所示。

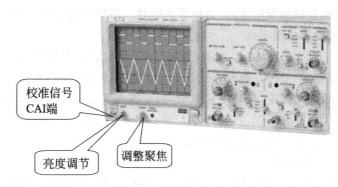

图 4-4　校准信号 CAI、亮度、聚焦旋钮

（4）轨迹旋转（4TRACE ROTATION）　固定的电位器用来调整水平轨迹与刻度线的平行。

（5）电源指示灯（POWER）　指示电源的工作状态，当电源开启时发光二极管亮。

（6）电源开关　主电源开关。

（7）刻度盘（33）　它由透明的有色玻璃板制成，上面刻有水平和垂直刻度线，以便目测波形的幅度和周期，如图 4-5 所示。

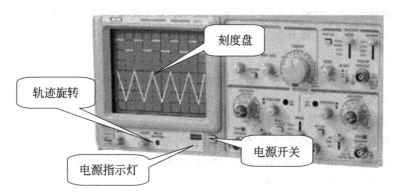

图 4-5　电源开关等旋钮

4.2.2　垂直轴

（1）Y 轴灵敏度选择开关（22VOLTS/DIV）　调节垂直偏转灵敏度从 5mV/div～5V/div，共分 10 挡。

（2）被测信号输入口（8、20）　（8）为 CH1（X）输入，在 X-Y 模式下，作为 X 轴输入端，（20）为 CH2（Y）输入，在 X-Y 模式下，作为 Y 轴输入端。

（3）垂直灵敏度微调（21）　微调灵敏度对于或等于 1/2.5 标示值。在校正位置时，灵敏度校正为标示值。

（4）Y 轴耦合方式（18AC-GND-DC）　选择垂直轴输入信号的输入方式。

（5）垂直移位（11、19POSITION）　调节光迹在屏幕上的垂直位置。

（6）ALT/CHOP（12） 在双综显示时，放开此键，表示通道 1 与通道 2 交替显示（通常用在扫描速度较快的情况下）；当按下此键时，通道 1 与通道 2 同时断续显示（通常用在扫描速度较慢的情况下）。

（7）CH1 和 CH2 的 DC BAL（13、17） 用于衰减器的平衡调试；将 CH1、CH2 的输入耦合开关设定为 GND，触发方式为自动，将光迹调到中间位置；将衰减开关在 5mV 与 10mV 之间来回转换，调整 DC BAL 到光迹在零水平线不移动为止。

（8）垂直方式（14MODE） 选择 CH1 与 CH2 放大器的工作模式。

CH1 或 CH2：通道 1 或通道 2 单独显示。

DUAL：两个通道同时显示。

ADD：显示两个通道的代数和，即 CH1＋CH2；当按下 16 号键 CH2INV 时，显示两个通道的代数差，即 CH1-CH2。

（9）GND（15） 示波器的机箱接地端子。

（10）CH2 INV（16） 通道 2 的信号反相，当按下此键时，通道 2 的信号及通道 2 的触发信号同时反相。

4.2.3 触发

（1）触发源选择（23SOURCE） 选择内（INV）或（EXT）触发。

CH1：当垂直方式选择开关（14）设定在 DUAL 或 ADD 状态时，选择通道 1 作为内部触发信号源。

CH2：当垂直方式选择开关（14）设定在 DUAL 或 ADD 状态时，选择通道 2 作为内部触发信号源。

LINE：选择交流电源作为触发信号。

EXT：外部触发信号接于 24）作为触发信号源。

（2）外触发输入端子（24TRIG IN 1MΩ/25Pf） 用于外部触发信号，当使用该功能时 23）应设置在 EXT 的位置上。

（3）触发方式（25 TRIGGER MODE）：选择触发方式。

AUTO：自动，当没有触发信号输入时，扫描处在自由状态下。

NORM：常态，当没有触发信号输入时，踪迹处在待命状态并不显示。

TV-V：电视场，当想要观察一场的电视信号用。

TV-H：电视行，当想要观察一行的电视信号用。

（4）触发极性开关（26SLOPE） 触发信号的极性选择，"＋"上升沿触发，"－"下降沿触发。

（5）TRIG ALT（27） 当触发方式选择开关（14）设定在 DUAL 或 ADD 状态时，而且触发源开关（23）选择在通道 1 或通道 2 上，按下（27）时，它会交替选择通道 1 和通道 2 作为内触发信号源。

（6）触发电平（28LEVEL） 显示一个同步稳定的波形，并设定一个波形起始点，向"＋"旋转触发电平向上移，向"－"旋转触发电平向下移。

4.2.4 时基

（1）水平扫描速度开关（29TIME/DIV）　扫描速度可以分 8 挡，从 $0.2\mu s/div$ 到 $0.5s/div$，当设置到 X-Y 位置时，可用作 X-Y 示波器。

（2）水平扫描微调（30SWP. VAR）　微调水平扫描时间，使扫描时间被校正到与面板上 TIME/DIV 指示的一致，TIME/DIV 扫描速度可连续变化，当逆时针旋转到底，为校正位置，整个延时可达 2.5 倍以上。

（3）扫描扩展开关（31×10 VAR）　按下此旋钮，扫描速度扩展 10 倍。

（4）水平移位（32）　调节光迹在屏幕的水平适当位置。

4.3 使用示波器测量前的调整

（1）使用前的检查、调整和校准　示波器初次使用前或久藏复用时，先不要输入信号，应先进行一次能否工作的简单检查和进行扫描电路稳定度、垂直放大电路直流平衡的调整。示波器在进行电压和时间的定量测试时，还必须进行垂直放大电路增益和水平扫描速度的校准。示波器能否正常工作的检查方法、垂直放大电路增益和水平扫描速度的校准方法，由于各种型号示波器的校准信号的幅度、频率等参数不一样，因而检查、校准方法略有差异。

（2）调整操作实例——示波器各旋钮的设定　示波器第一次使用时，要对示波器进行校准，使示波器处于初始准备工作状态。把示波器上的按键或旋钮开关置于如表 4-1 所列位置。这样接通电源，示波器就能显示出一根水平扫描线。

表 4-1　示波器初次使用前旋钮位置

设 定 位 置	部 件 名 称
POWER 电源开关	初次设定完成后按下此键接通电源
轨迹旋转	如果扫描线不水平，调整此电位器
聚焦 FOCUS	将此旋钮调整在中间位置
亮度 INTEN	将此旋钮调整在中间位置
垂直移位 POSITION	将此旋钮调整在中间位置
Y 轴灵敏度选择开关 VOLTS/DIV	0.5V/DIV
垂直灵敏度微调	顺时针旋至最大到 CAL 位置
被测信号输入口	CH1 口空，CH2 接探头
Y 轴耦合方式 AC-GND-DC	DC
校准信号 CAI	与探头连接到 CH2 通道
垂直方式 MODE	CH2
触发方式 TRIGGER MODE	AUTO
水平移位	将此旋钮调整在中间位置
水平扫描速度开关 TIME/DIV	0.5ms/DIV
水平扫描微调	顺时针旋至最大到 CAL 位置

　　按表 4-1 中的要求检查各键旋钮的位置后，再将示波器电源插头插到 220V 交流插座上，然后按下电源开关键，此时电源指示灯应该亮，约 10s 后，扫描线显示在屏幕上。接着调整聚焦旋钮，使扫描线最清晰。如果扫描线不在水平位置，调节轨迹旋转电位器，使扫描线平行于刻度盘上的横线。

　　（3）调整操作实例二——使用校准信号波形进行增益检查　示波器的校准信号输出端 CAL 输出有 1kHz、2Vp-p 的方波信号，可以利用这个信号对垂直轴的增益或衰减量进行校正，也可以对时间轴进行校正。

　　由于校准信号加到 CH1 通道，CH1 的垂直灵敏度开关置于 0.5V/DIV，在示波管上显示方波的幅度为 4 格，每 DIV（格）为 0.5V，幅度则为 2V，表明此时 CH1 垂直灵敏度 0.5V/DIV 挡增益正确。用同样的方法检测 CH2 通道增益。波形见图 4-6 所示。

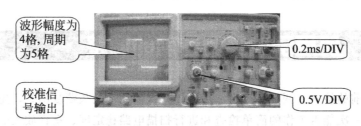

图 4-6　示波器自检信号

　　再来观察水平轴，将水平扫描速度开关置于 0.2ms/DIV，方波的周期为 5DIV（格）。信号的周期 $T=0.2\text{ms}\times5$（格）$=1\text{ms}$，频率 $f=1/T=1000\text{Hz}$，表明水平扫描速度开关正确。

　　以测试示波器的校准信号为例，总结示波器幅度和频率的测量操作步骤如下。

　　① 将示波器探头插入通道 CH1 插孔，并将探头上的衰减置于"1"挡。

　　② 将通道选择置于 CH1，耦合方式置于 DC 挡。

　　③ 将探头探针插入校准信号源小孔内，此时示波器屏幕出现光迹。

　　④ 调节垂直灵敏度旋钮和水平扫描速度旋钮，使屏幕显示的波形图稳定，并将垂直微调和水平微调置于校准位置。

　　⑤ 读出波形图在垂直方向所占格数，乘以垂直衰减旋钮的指示数值，得到校准信号的幅度。

　　⑥ 读出波形每个周期在水平方向所占格数，乘以水平扫描旋钮的指示数值，得到校准信号的周期（周期的倒数为频率）。

　　⑦ 一般校准信号的频率为 1kHz，幅度为 2V，用以校准示波器内部扫描振荡器频率，如果不正常，应调节示波器（内部）相应电位器，直至相符为止。图 4-6 为示波器校准图，垂直灵敏度旋钮在 0.5V/DIV，水平扫描速度旋钮在 0.2ms/DIV，从图中看出幅度 H 占 4 个格，周期占 5 个格，则电压幅度为 $0.5\times4=2\text{V}$，周期为 $0.2\times5=1\text{ms}$，$f=1/T=1\text{kHz}$。

　　（4）操作实例三——用示波器观察电信号波形。用示波器能观察各种不同电信号幅度随时间变化的波形曲线，在这个基础上示波器可以用于测量电压、时间、频率、相位差和调幅度等电参数。下面介绍用示波器观察电信号波形的使用步骤。

① 选择 Y 轴耦合方式。根据被测信号频率的高低，将 Y 轴输入耦合方式选择 "AC-GND-DC" 开关置于 AC 或 DC，如图 4-7 所示开关。

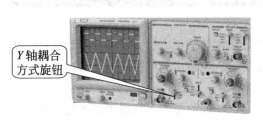

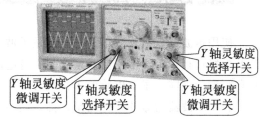

图 4-7 选择示波器 Y 轴耦合方式　　　**图 4-8 选择 Y 轴灵敏度**

② 选择 Y 轴灵敏度。根据被测信号的大约峰-峰值（如果采用衰减探头，应除以衰减倍数；在耦合方式取 DC 挡时，还要考虑叠加的直流电压值），将 Y 轴灵敏度选择 V/div 开关（或 Y 轴衰减开关）置于适当挡级，如图 4-8 所示。实际使用中如不需读测电压值，则可适当调节 Y 轴灵敏度微调旋钮，使屏幕上显现所需要高度的波形。

③ 选择触发（或同步）信号来源与极性。通常将触发选择（或同步）信号极性开关置于 "＋" 或 "－" 挡，如图 4-9 所示开关。

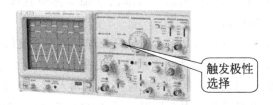

图 4-9 触发极性选择开关

④ 选择水平扫描速度。根据被测信号周期（或频率）的大约值，将 X 轴扫描速度 TIME/DIV（或扫描范围）开关置于适当挡级，如图 4-10 所示旋钮。实际使用中如不需读测时间值，则可适当调节扫速 TIME/DIV 微调（或扫描微调）旋钮，使屏幕上显示测试所需周期数的波形。如果需要观察的是信号的边沿部分，则扫速开关应 TIME/DIV 置于最快扫速挡。

图 4-10 选择水平扫描速度开关　　　**图 4-11 示波器被测信号输入端**

⑤ 输入被测信号。被测信号由探头衰减后（或由同轴电缆不衰减直接输入，但此时的输入阻抗降低、输入电容增大），通过 Y 轴输入端输入示波器，如图 4-11 所示。

4.4　使用示波器测量电压

使用示波器直接观测信号的波形是示波器最基本的使用方法。在电子产品设计、生产及检修过程中，经常需要观察产品中各电路的输入或输出的信号波形，通过对波形形状和幅度的观察，了解电路的工作状态是否正常。

利用示波器所做的任何测量，都是归结为对电压的测量。示波器可以测量各种波形的电压幅度，既可以测量直流电压和正弦电压，又可以测量脉冲或非正弦电压的幅度。更有用的是它可以测量一个脉冲电压波形各部分的电压幅值，如上冲量或顶部下降量等。这是其他任何电压测量仪器都不能比拟的。

4.4.1　使用直接测量法测量交、直流电压

直接测量法，就是直接从屏幕上量出被测电压波形的高度，然后换算成电压值。定量测试电压时，一般把 Y 轴垂直灵敏度开关的微调旋钮转至"校准"位置上，这样，就可以从"V/DIV"的指示值和被测信号占取的纵轴坐标值直接计算被测电压值。所以，直接测量法又称为标尺法。

（1）使用直接测量法测量交流电压　如果只处理、测量交流信号的幅度，将被测信号接入示波器的信号输入端，使 Y 轴输入耦合开关置于"AC"位置，显示出输入波形的交流成分。如交流信号的频率很低时，则应将 Y 轴输入耦合开关置于"DC"位置。

将被测波形移至示波管屏幕的中心位置，用"V/div"开关将被测波形控制在屏幕有效工作面积的范围内，按坐标刻度片的分度读取整个波形所占 Y 轴方向的格数 H，则被测电压的峰-峰值 VP-P 可等于"V/div"开关指示值与 H 的乘积。如果使用探头测量时，应把探头的衰减量计算在内，即把上述计算数值乘10。

例如示波器的 Y 轴灵敏度开关"V/DIV"位于 0.5V/DIV 挡级，被测波形占 Y 轴的坐标幅度 H 为 5DIV（格），则此信号电压的峰-峰值为 $0.5×5＝2.5V$。如是经探头测量，仍指示上述数值，则被测信号电压的峰-峰值就为 2.5V。示波器显示的波形如图 4-12 所示。

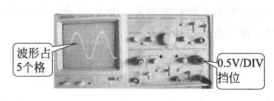

波形占5个格

0.5V/DIV 挡位

图 4-12　示波器测量交流电压的值

（2）使用直接测量法测量直流电压　将被测信号接入示波器的信号输入端，将 Y 轴输入耦合开关置于"地"位置，触发方式开关置"自动"位置，使屏幕显示一水平扫描线，此扫描线便为零电平参考基准线。再将 Y 轴输入耦合开关置"DC"位置，此时，扫描线在 Y 轴方向产生跳变位移 H，被测电压即为"V/DIV"垂直扫描开关指示值与 H 的乘积。

直接测量法简单易行，但误差较大。产生误差的因素有读数误差、视差和示波器的系统误差（衰减器、偏转系统、示波管边缘效应）等。

4.4.2 使用比较测量法测量电压

比较测量法就是用一已知的标准电压波形与被测电压波形进行比较求得被测电压值。

将被测电压 V_x 输入示波器的 Y 轴 CH1 通道，调节 Y 轴灵敏度选择开关"V/div"及其微调旋钮，使荧光屏显示出便于测量的高度 H_x 并做好记录，且"V/div"开关及微调旋钮位置保持不变。把一个已知的可调标准电压 V_s 输入 Y 轴 CH2 通道，调节标准电压的输出幅度，使 CH2 通道的垂直灵敏度开关与 CH1 通道的灵敏度"V/div"开关及微调旋钮位置一致，使它显示与被测电压相同的幅度。此时，被测电压的输出幅度等于标准电压的幅度。比较法测量电压可避免垂直系统引起的误差，因而提高了测量精度。示波器测量如图 4-13 所示。

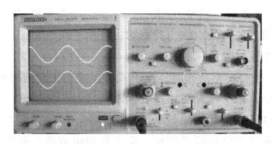

图 4-13　比较法测量波形的电压

4.5　使用示波器测量信号周期和频率

示波器时基能产生与时间呈线性关系的扫描线，因而可以用荧光屏的水平刻度来测量波形的时间参数，如周期性信号的重复周期、脉冲信号的宽度、时间间隔、上升时间（前沿）和下降时间（后沿）、两个信号的时间差等。

（1）测量信号的周期　将被测信号接入示波器，将示波器的水平扫描开关"TIME/DIV"调整到适当位置，水平扫描微调旋转至校准位置（CAL）时，使信号波形显示在示波管上，调整水平位移旋钮，使波形的测量始点位于左侧 1 格处，如图 4-14 所示，然后读出波形一个周期在水平方向所占的格

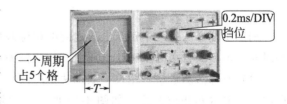

图 4-14　示波器测量时间

数，则信号的周期时等于"TIME/DIV"乘以格数，从而较准确地求出被测信号的时间参数。

T＝水平扫描速度开关（TIME/DIV）指示值乘以一个周期所占的格数。上面波形的周期 T＝0.2×5＝1ms

$$f=1/T=1\text{kHz}$$

（2）李沙育图形法测频率　将示波器置 X-Y 工作方式，被测信号输入 Y 轴，标准频率信号输入"X 外接"，慢慢改变标准频率，使这两个信号频率成整数倍时，例如：$f_x : f_y=1 : 1$，则在荧光屏上会形成稳定的圆、椭圆或直线李沙育图形。

李沙育图形的形状不但与两个偏转电压的相位有关，而且与两个偏转电压的频率也有关。用描迹法可以画出 u_x 与 u_y 的各种频率比、不同相位差时的李沙育图形，几种不同频率比的李沙育图形如图 4-15 所示。利用李沙育图形与频率的关系，可进行准确的频率比较来测定被测信号的频率。其方法是分别通过李沙育图形引水平线和垂直线，所引的水

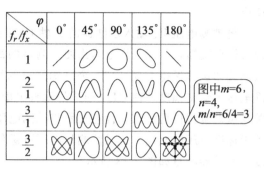

图 4-15　李沙育图形

平线垂直线不要通过图形的交叉点或与其相切。若水平线与图形的交点数为 m，垂直线与图形的交点数 n，如图 4-15 所示，则 $f_y/f_x=m/n=6/4=3/2$。

当标准频率 f_x（或 f_y）为已知时，由上式可以求出被测信号频率 f_y（或 f_x）。显然，在实际测试工作中，用李沙育图形进行频率测试时，为了使测试简便正确，在条件许可的情况下，通常尽可能调节已知频率信号的频率，使荧光屏上显示的图形为圆或椭圆。这时被测信号频率等于已知信号频率。由于加到示波器上的两个电压相位不同，荧光屏上图形会有不同的形状，但这对确定未知频率并无影响。李沙育图形法测量频率是相当准确的，但操作较费时。同时，它只适用于测量频率较低的信号。

用比较法也能测量时间及周期值，将被测信号连接到 CH1 端，调节水平扫描速度开关，使被测波形显示在示波管上；信号发生器输出连接到 CH2 端，调节信号发生器的频率调节旋钮，使其显示的波形的周期与 CH1 波形周期相同，则被测信号的频率等于信号发生器的频率。

4.6　使用示波器测量信号相位

利用示波器测量两个正弦电压之间的相位差具有实用意义，用计数器可以测量频率和时间，但不能直接测量正弦电压之间的相位关系。

（1）双踪法测量信号相位　双踪法是用双踪示波器在荧光屏上直接比较两个被测电压波形来测量其相位关系，如图 4-16 所示。测量时，将相位超前的信号接入 CH1 通道，另一个信号接入 CN2 通道。选用 CH1 触发。调节"TIME/DIV"开关，使被测波形的一个周期在水平标尺上准确地占满 8div，这样，一个周期的相角 360° 被 8 等分，每 1div 相当于 45°。读出超前波与滞后波在水平轴的差距 t，按下式计算相位差 φ：

$$\varphi=45°/\text{DIV}\times t(\text{DIV})$$

如 $t=0.6\text{DIV}$，则 $\varphi=45°/\text{DIV}\times0.6\text{DIV}=27°$

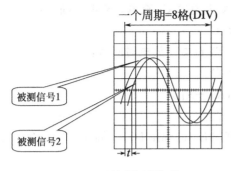

图 4-16　示波器测量相位 　　　　　　　　图 4-17　示波器校准信号

（2）李沙育图形法测相位　将示波器的 X 轴选择置于 X 轴输入位置，将信号 1 接入示波器的 CH1 输入端，信号 2 接入示波器的 CH2 输入端。适当调节示波器面板上相关旋钮，使荧光屏上显现一种如图 4-17 所示的图形，由图可见，当两个信号的频率和相位不同，会有不同的形状，利用这个功能，在测量某一个未知信号的频率时，可以取一个已知的信号频率作为输入信号之一，未知频率的信号作为另一输入。在测量时通过可以改变已知信号的频率，同时观察示波器上的波形，根据波形的形状即可判定未知信号的频率。

4.7　使用示波器测量实例

4.7.1　使用示波器测量 555 定时器构成占空比可调的方波发生器

（1）仪器与电路的连接　将 555 定时器接成图 4-18 所示电路。

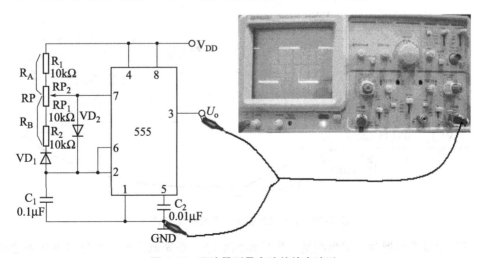

图 4-18　示波器测量电路的输出波形

此电路利用 VD1、VD2 将电容器 C_1 充放电回路分开，再加上电位器调节，便可构成占空比可调的方波发生器。V_{DD} 通过 R_A、VD2 向电容 C_1 充电，充电时间为：

$$t_{PH}=0.7R_AC$$

电容 C 通过 VD1、R_B 及 555 中的三极管 VT1 放电，放电时间为：

$$t_{PL}=0.7R_BC$$

周期： $$T=t_{PH}+t_{PL}=0.7(R_A+R_B)C$$

输出占空比为： $$q=R_A/(R_A+R_B)$$

用示波器同时观察 U_0、U_C 的波形并记录，测试出 U_o 的幅度 U_{om}、周期 T 和脉宽 t_{PH}、t_{PL}。电路中

$$R_1=R_2=RP=10k\Omega$$

（2）测量操作步骤

① 打开示波器，调节亮度和聚焦旋钮，使屏幕上显示一条亮度适中、聚焦良好的水平亮线。

② 校准好示波器，然后将耦合方式置于 AC 挡。

③ 将示波器 CH1 信号输入端接到 555 的第 6 脚，CH2 信号输入端接到 555 的第 3 脚，将示波器探头的接地夹夹在 555 电路板的接地点。

④ 调节示波器的水平扫描速度旋钮和 Y 轴灵敏度选择旋钮，使示波器出现稳定、显示合适的波形。

将 Y 轴灵敏度微调开关及水平微调开关顺时针旋到底，测量波形的幅度及周期。

4.7.2 用示波器测量电路输出波形

（1）石英晶体振荡电路输出波形测量 此电路是一石英晶体振荡电路，振荡频率为 2MHz，调节示波器 Y 轴灵敏度旋钮，使显示波形幅度适当，调节水平扫描速度旋钮使示波器显示的波形周期合适。测量连接图如图 4-19 所示。

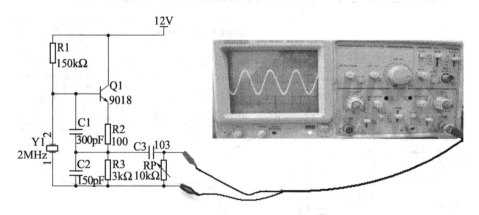

图 4-19　示波器测量振荡电路的输出波形

（2）模拟乘法器输出波形测量 集成模拟乘法器是完成两个模拟量（电压或电流）相乘的电子器件。高频电子线路中的振幅调制、同步检波、混频、倍频、鉴频、鉴相等调制与解调的过程，均可视为两个信号相乘或包含相乘的过程。采用集成模拟乘法器实

现上述功能比采用分立器件要简单得多，而且性能优越。U_C 为频率 2MHz 的正弦波输入模拟本振，U_i 为 1kHz 正弦波，经过乘法器后的到一调制波形。测量电路如图 4-20 所示。

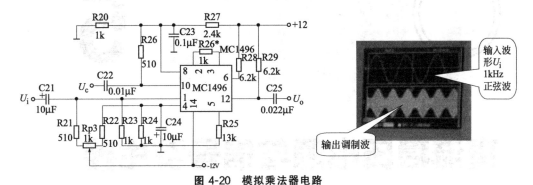

图 4-20　模拟乘法器电路

5

直流稳压电源与信号发生器

一、内容简介

本章主要学习常用直流稳压电源、信号发生器的性能及用途；怎样正确选择与使用这些仪器及使用时要注意的事项。

5.1 稳压电源的选择与使用。概要介绍了直流稳压电源的组成结构、工作原理、性能及技术指标以及怎样选择直流稳压电源；使用稳压电源要注意的事项和怎样维护直流稳压电源。

5.2 信号发生器。介绍了信号发生器的分类、电路组成；以 SP1641B 型函数信号发生器为例，介绍了信号发生器的控制面板功能；结合实例详细描述了信号发生器的操作步骤。

二、学习建议

正确选用和使用仪器是一名维修电工必须具备的基本技能。如果要想熟练使用这些仪器，那么就必须先了解清楚他们的用途和结构。习得这些知识和技能，在学习中应该对照实物进行。

三、学习目标

(1) 了解常用直流稳压电源、信号发生器的用途；

(2) 掌握常用直流稳压电源、信号发生器的选择方法；

(3) 熟练使用直流稳压电源、信号发生器。

通过本章学习，能够正确选择和使用直流稳压电源、信号发生器，为从事维修电工工作打下基础。

5.1 稳压电源的选择与使用

在电子电路、自动控制装置中都需要使用电压稳定的直流电源供电。在电子及电气设备中都有电源电路，它是为电子及电气设备中各种电子元器件（如晶体管、集成电路、电动机和继电器等）提供电源的。另外直流稳压电源也是实验室中必备的仪器。直流电源的性能指标直接影响电子电路及用电设备的可靠性和稳定性。电子设备对电源电路的要求就是能够提供持续稳定、满足负载要求的电能。能提供稳定的直流电能的电源就是直流稳压电源。直流稳压电源在电源技术中占有十分重要的地位。图 5-1 是常用的直流稳压电源的外形。

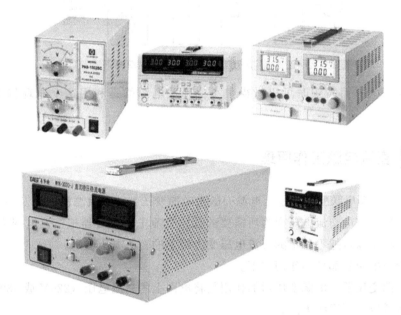

图 5-1 常用的直流稳压电源的外形

5.1.1 直流稳压电源的组成结构

在电子电路中，直流电源电压产生波动，就会引起电路工作不稳定，甚至使系统无法正常工作，因此，通常要求有稳定的直流电源供电。

直流稳压电源工作一般分为两种：开关电源和串联型稳压电源。开关电源体积小，效率高广泛应用在计算机、电视机等家用电器和工业用电器上。而串联稳压电源由于纹波系数小，稳定性好而广泛应用于实验室、测量等领域。图 5-2 是开关电源的组成框图，图 5-3 是串联型稳压电源的组成框图。

无论哪种电源都包括整流、变压、滤波三部分。开关电源和串联型稳压电源的区别在于变压的过程处在不同的位置，其原因是变压用的变压器不同。通常变压器在

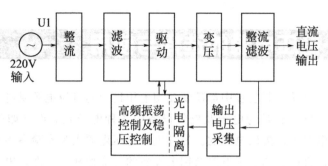

图 5-2　开关电源的组成框图

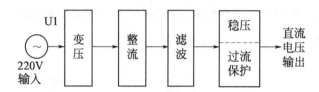

图 5-3　串联型稳压电源的组成框图

低频段体积很大，而高频时可以做得很小。开关电源就是利用这个原理将体积变得很小。

5.1.2　直流电源工作原理

由图 5-3 可知串联型直流稳压电源一般由电源变压器、整流滤波电路及稳压电路所组成。变压器把市电交流电压变为所需要的低压交流电。整流器把交流电变为直流电。经滤波后，稳压器再把不稳定的直流电压变为稳定的直流电压输出。

直流稳压电源各部分的作用如下。

（1）电源变压器　电源变压器的作用是将电网上的交流电压（220V 或 380V）变成所需的交流低压送到后级电路。

（2）整流电路　整流电路的作用是将交流电变换成直流电，利用具有单向导电性能的半导体二极管作为整流元件，将正负交替的正弦交流电压变成单方向的脉动电压，但这种单向脉动电压包含着很大的脉动成分，距离理想的直流电压还差得很远。可见二极管是整流电路的关键器件。整流电路可分为半波直流、全波整流和桥式直流电路。

（3）滤波电路　滤波电路作用是尽可能地将整流电路输出的单向脉动电压中脉动成分滤掉，使滤波电路输出电压成为比较平滑的直流电压。但是，当电网电压或负载电流发生变化时，滤波电路输出的直流电压的幅值也将随之变化，在要求比较高的电子设备中，这种情况是不符合要求的，还需要加稳压电路。滤波电路通常由电容、电感等储能元件组成，有电容滤波电路、电感滤波电路和电感电容（LC）滤波电路。利用电容器、电感器的储能特性及电容、电感对于交流成分和直流成分反映出来的阻抗不同，合理地把它们安排在电路中，可以达到降低交流成分，保留直流成分的目的，起到滤波的作用。

（4）稳压电路　稳压电路的功能是使输出的直流电压稳定，不随交流电网电压和负载的变化而变化。稳压电路的作用是采取某些措施，使输出的直流电压在电网电压或负载电流发生变化时保持稳定。

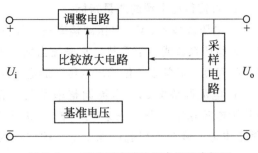

图5-4　一种典型串联稳压电源组成框图

图5-4是一种典型串联稳压电源，它由采样电路、基准电压、比较放大电路、调整电路等组成。

5.1.3　直流稳压电源性能及技术指标

衡量直流稳压电源的指标有特性指标和质量指标。通常根据电子及电器设备应用场合和要求选择与之相适应的稳压电源。

（1）直流稳压电源的基本功能和要求

① 输出电压值能够在额定输出电压值以下任意设定和正常工作。

② 输出电流的稳流值能在额定输出电流值以下任意设定和正常工作。

③ 直流稳压电源的稳压与稳流状态能够自动转换并有相应的状态指示。

④ 对于输出的电压值和电流值要求精确的显示和识别。

⑤ 对于输出电压值和电流值有精准要求的直流稳压电源，一般要用多圈电位器和电压电流微调电位器。

⑥ 要有完善的保护电路。直流稳压电源在输出端发生短路及异常工作状态时不应损坏，在异常情况消除后能立即正常工作。

（2）直流稳压电源的技术指标　直流稳压电源的技术指标可以分为两大类：一类是特性指标，反映直流稳压电源的固有特性，如输入电压、输出电压、输出电流、输出电压调节范围；另一类是质量指标，反映直流稳压电源的优劣，包括稳定度、等效内阻（输出电阻）、纹波电压及温度系数等。

① 直流稳压电源的特性指标

a. 输出电压范围。符合直流稳压电源工作条件情况下，能够正常工作的输出电压范围。该指标的上限是由最大输入电压和最小输入-输出电压差所规定，而其下限由直流稳压电源内部的基准电压值决定。

b. 最大输入-输出电压差。该指标表征在保证直流稳压电源正常工作条件下，所允许的最大输入-输出之间的电压差值，其值主要取决于直流稳压电源内部调整晶体管的耐压指标。

c. 最小输入-输出电压差。该指标表征在保证直流稳压电源正常工作条件下，所需的最小输入-输出之间的电压差值。

d. 输出负载电流范围。输出负载电流范围又称为输出电流范围，在这一电流范围内，直流稳压电源应能保证符合指标规范所给出的指标。

② 直流稳压电源的质量指标

a. 电压调整率 SV。电压调整率是表征直流稳压电源稳压性能的优劣的重要指标，又称为稳压系数或稳定系数，它表征当输入电压 U_i 变化时直流稳压电源输出电压 U_o 稳定的程度，通常以单位输出电压下的输入和输出电压的相对变化的百分比表示。

b. 电流调整率 SI。电流调整率是反映直流稳压电源负载能力的一项主要指标，又称为电流稳定系数。它表征当输入电压不变时，直流稳压电源对由于负载电流（输出电流）变化而引起的输出电压的波动的抑制能力，在规定的负载电流变化的条件下，通常以单位输出电压下的输出电压变化值的百分比来表示直流稳压电源的电流调整率。

c. 纹波抑制比 SR。纹波抑制比反映了直流稳压电源对输入端引入的市电电压的抑制能力，当直流稳压电源输入和输出条件保持不变时，波抑制比常以输入纹波电压峰-峰值与输出纹波电压峰-峰值之比表示，一般用分贝数表示，但是有时也可以用百分数表示，或直接用两者的比值表示。纹波电压是指叠加在输出电压上的交流电压分量，用示波器观测输出电压的波形，纹波电压的峰-峰值一般为毫伏量级。也可用交流毫伏表测量其有效值，但因纹波不是正弦波，所以有一定的误差。

d. 温度稳定性 K。集成直流稳压电源的温度稳定性是以在所规定的直流稳压电源工作温度 T_i 最大变化范围内（$T_{min} \leqslant T_i \leqslant T_{max}$）直流稳压电源输出电压的相对变化的百分比值。

③ 直流稳压电源的极限指标

a. 最大输入电压。是保证直流稳压电源安全工作的最大输入电压。

b. 最大输出电流。是保证稳压器安全工作所允许的最大输出电流。

5.1.4 直流稳压电源选择

直流稳压电源的选择应根据实际情况，要求稳压电源的输出功率大于或等于所有用电设备总功率的总和。还应根据用电设备及电路的使用电压、电流的范围，也就是要求稳压电源的电压和电流范围，这是两个最容易确定的指标。

选择直流稳压电源的几个因素如下。

① 首先要了解稳压电源用在什么地方？比如，是部分设备或整个用电系统稳压使用；

② 根据用电要求，确定选择固定输出的稳压电源还是选择输出可调的稳压电源；

③ 根据要求确定稳压电源输出功率、电压及电流的范围；

④ 了解稳压器的原理、特性等；

⑤ 选择的稳压电源过载保护电路要灵敏。

直流稳压电源的过载保护电路要灵敏，因为一个电源要供给不同的电路使用，这些电路的电流的大小可能是未知的，为了避免对电源的损坏，需设置保护电路的范围。过载保护电路应都具有以下特点：在超出输出范围时，要么输出保持在最大输出值，要么就自行关闭电源；在用电电路发生短路或过流时，稳压电源要能自动断电。

注意

固定输出的稳压电源， 大多数允许输出电压 ±10%的范围内变化； 输出可调的稳压电源在它的变化范围内是连续可调的， 可根据需要选择电压的数值。 几乎所有的直流电源都工作在恒压源模式， 也就是说在整个电流变化范围内输出电压可保持不变。

5.1.5　使用稳压电源应注意的事项

（1） 稳压电源的开关不能作为电路开关随意开关；

（2） 开机前应根据需要将输出电压步进选择开关放在适当的位置；

（3） 在加载过程中不允许转换步进选择开关的挡位，如需改变挡位需将负载去掉后再进行转换。

图 5-5 是使用稳压电源应注意的事项提示。

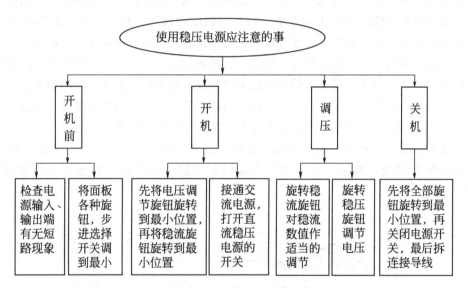

图 5-5　使用稳压电源应注意的事项

5.1.6　直流稳压电路的维护

电源使用一段时间后，应对指示电路进行核准，校准方法可通过外接电压表与电流表与机上指示仪表进行比较进而调整（分别为电压及电流指示校准），进行核准。但应注意由于机箱为钢板结构，故盖上箱盖后会引起读数的少量改变，可先观察一下范围后，在开机调整时留出余量来进行校正即可。

（1） 维护项目

① 应经常检查电源线接线是石松动，内部是否新裂。

② 检查接线柱是否松动，机箱内外螺钉是否牢固。

③ 清洁机箱面板及机箱盖时，严禁使用有机溶剂或去污剂进行除垢，应使用中性皂液用软质抹布进行清洗后，擦干即可。

④ 仪器应保持垂直安放。

(2) 故障现象及可能原因

① 无输出电压。检查电源开关是否接通，保险丝是否完好，检查电路有无短路现象。

② 输出电压太高。检查调整管是否击穿。

③ 输出电压不稳。检查一下基准电压是否稳定。

④ 输出电流不够。检查调整管是否烧毁开路，负载是否太重。

5.2　信号发生器

信号发生器又称信号源或振荡器，它是为电子测量提供符合一定技术要求的电信号仪器，信号发生器能够产生不同波形、频率和幅度的信号，用来测试放大器的放大倍数、频率特性及元器件参数等，还可以用来校准仪表及为各种电路提供交流电压。信号发生器可输出多种波形，如三角波、锯齿波、矩形波（含方波）、正弦波的电路被称为函数信号发生器。函数信号发生器在电路实验和设备检测中具有十分广泛的用途。例如在通信、广播、电视系统中，都需要射频（高频）发射，这里的射频波就是载波，把音频（低频）、视频信号或脉冲信号运载出去，就需要能够产生高频的振荡器。在工业、农业、生物医学等领域内，如高频感应加热、熔炼、淬火、超声诊断、核磁共振成像等，都需要功率或大或小、频率或高或低的振荡器。常用信号发生器实物如图 5-6所示。

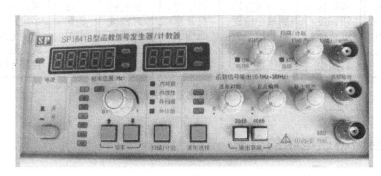

图 5-6　信号发生器实物图

5.2.1　信号发生器的分类与组成

(1) 信号发生器的分类　信号发生器用途广泛、种类繁多，有各种各样的分类方法，常见的分类方法有按输出波形分类和按输出频率范围分类。

① 按输出波形分类。信号发生器可分为如图 5-7 所示的几种类型。

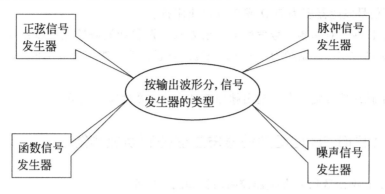

图 5-7 按输出波形分,信号发生器的类型

a. 正弦信号发生器。产生正弦波或受调制的正弦波。

b. 脉冲信号发生器。产生不同脉冲宽度的重复脉冲或脉冲链。

c. 函数信号发生器。产生幅度与时间成一定函数关系的信号,包括正弦波、三角波、方波等信号。

d. 噪声信号发生器。产生各种模拟干扰的电信号。

② 按输出频率范围分类 信号发生器可分为如图 5-8 所示的几种类型。

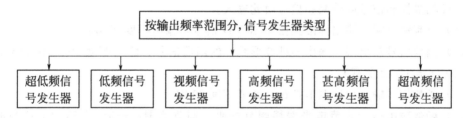

图 5-8 按输出频率范围分,信号发生器的类型

a. 超低频信号发生器。输出信号频率范围为 $1\sim1000\text{Hz}$;

b. 低频信号发生器。输出信号频率范围为 $1\text{Hz}\sim1\text{MHz}$;

c. 视频信号发生器。输出信号频率范围为 $20\text{Hz}\sim10\text{MHz}$;

d. 高频信号发生器。输出信号频率范围为 $200\text{kHz}\sim30\text{MHz}$;

e. 甚高频信号发生器。输出信号频率范围为 $30\sim300\text{MHz}$;

f. 超高频信号发生器。输出信号频率范围为 300MHz 以上。

(2) 信号发生器的一般要求

① 输出波形失真小,正弦信号发生器的非线性失真系数不超过 $1\%\sim3\%$,有时要求低于 0.1%。

② 输出频率稳定并且在一定范围内连续可调。一般信号发生器的频率稳定度为 $1\%\sim10\%$,标准信号发生器应优于 1%。

③ 输出幅度稳定并且在一定范围内连续可调。一般信号发生器的幅度最小可达毫伏级,最大可达几十伏级,对于低频信号发生器,要求在整个频率范围内输出电压幅度不变,一般要求变化小于 1dB。

④ 输出阻抗要低，与负载容易匹配。一般低频信号发生器具有低阻抗和 600Ω 输出阻抗；高频信号发生器多为 50Ω 或 70Ω 输出阻抗。

⑤ 调制特性。对高频信号发生器一般要求有调幅和调频输出；调制频率：调幅一般为 $100Hz$ 和 $400Hz$，调频为 $10\sim100kHz$；调制特性：调幅度 $0\sim80\%$，调频频偏不低于 $75kHz$。

⑥ 对于脉冲信号发生器，输出脉冲信号的脉冲宽度应可调节。

5.2.2　SP1641B 型函数信号发生器控制面板功能

2SP1641B 型函数信号发生器控制面板如图 5-9 所示。

（1）频率显示窗口　显示输出信号的频率或外测信号的频率。

（2）幅度显示窗口　显示函数输出信号的幅度。

（3）扫描宽度调节按钮　调节此电位器可调节扫描输出的频率范围。在外测频时，逆时针旋到底（绿灯亮），为外输入测量信号经过低通开关进入测量系统。

（4）扫描速率调节按钮　调节此电位器可以改变内扫描的时间长短。在外测频时，逆时针旋到底（绿灯亮），为外输入测量信号经过衰减"20dB"进入测量系统。

（5）扫描/计数输入插座　当扫描/计数键（13）功能选择在外扫描状态或外测频功能时，外扫描控制信号或外测频信号由此输入。

（6）点频输出端　输出标准正弦波 $100Hz$ 信号，输出幅度 2Vp-p。

（7）函数信号输出端　输出多种波形受控的函数信号，输出幅度 20Vp-p（1MΩ 负载），10Vp-p（50Ω 负载）。

（8）函数信号输出幅度调节按钮　调节范围 20dB。

（9）函数输出信号直流电平偏移调节按钮　调节范围：$-5\sim+5V$（50Ω 负载），$-10\sim+10V$（1MΩ 负载）。当电位器处在关位置时，则为 0 电平。

（10）输出波形对称性调节旋钮　调节此旋钮可改变输出信号的对称性。当电位器处在关位置时，则输出对称信号。

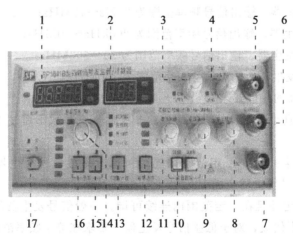

图 5-9　SP1641B 型函数信号发生器的控制面板

（11）函数发生器输出幅度衰减开关　20bB、40dB 键均不按下，输出信号不经过衰减，直接输出到插座口。按下 20dB、40dB 键分别按下，则可选择 20dB 或 40dB 衰减。20dB、40dB 同时按下时为 60dB 衰减。

（12）函数输出波形选择按钮　可选择正弦波、三角波、方波输出。

（13）扫描/计数按钮　可选择多种扫描方式和外测频方式。

（14）频率微调旋钮　调节此旋钮可微调输出信号频率，调节基数范围从大于 0.1 到小于 1。

（15）倍率选择按钮　每按一次此按钮可递减输出频率的一个频段。

（16）倍率选择按钮　每按一次此按钮可递增输出频率的一个频段。

（17）整机电源开关　按下此按钮，机内电源接通，整机工作。此键释放为关掉整机电源。

5.2.3　信号发生器的操作

（1）操作实例一　在 SP1641B 型函数发生器上调出正弦波、三角波、方波的操作步骤。SP1641B 型函数发生器产生的波形有正弦波、三角波、方波。

正弦波、三角波、方波的产生。首先接通电源，按下电源开关，如图 5-10 所示。

图 5-10　按下电源开关

图 5-11　调节电平偏移、波形对称旋钮

① 将直流电平偏移调节按钮、输出波形对称性调节旋钮逆时针旋到底，即在关的位置，如图 5-11 所示。

② 按动输出波形选择开关按钮，分别选中正弦波、三角波、方波其中的一种，如图 5-12 所示。

图 5-12　选择波形类型

图 5-13　选择频率倍率

③ 调输出幅度及频率的方法，若需要一正弦信号幅度为 2V，频率为 120kHz，先调节倍率选择按钮到 1MHz，其操作如图 5-13 所示。

④ 再调节频率微调旋钮，使频率显示窗口为 120kHz；调节输出幅度调节按钮，使

幅度显示窗口显示值为2V。按下20dB衰减按钮，波形将被衰减，其操作如图5-14所示。三角波、方波的输出方法同上，只是波形选择开关按钮选择三角波或方波。

图5-14　旋转输出幅度旋钮以获得需要的值

⑤ 信号发生器输出幅度为2V，频率为120kHz的正弦波显示如图5-15所示。

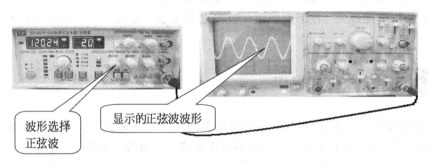

图5-15　信号发生器正弦波输出

⑥ 信号发生器输出幅度为2V，频率为120kHz的方波显示如图5-16所示。

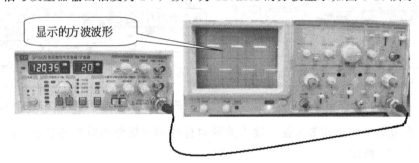

图5-16　信号发生器方波输出

⑦ 信号发生器输出幅度为2V，频率为120kHz的三角波显示如图5-17所示。

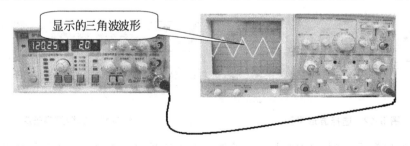

图5-17　信号发生器三角波输出

（2）操作实例二　音频发生器的调试操作步骤。使用低频信号发生器测量放大器的最大不失真功率。

① 将信号发生器的电源打开。调节频率范围旋钮，使信号发生器频率输出为 1kHz 的正弦信号，将低频信号发生器连接到放大器的输入端，同时将该信号输送到示波器的 CH1 端，放大器的输出经过探头输送到示波器的 CH2 端，用示波器同时测量放大器的输入、输出波形，一边观察示波器波形，一边调节电位器 R_p，使输出波形最大且不失真。连接图如图 5-18 所示。

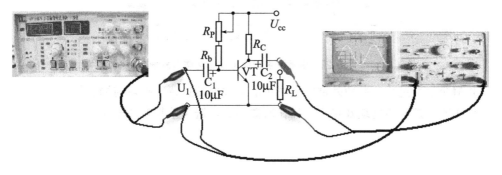

图 5-18 音频发生器的调试

② 调节信号发生器的输出幅度。观察示波器，使波形最大且不能出现波形削顶失真，接入毫伏表，当示波器显示出现变形的临界点时，为放大器最大不失真输出电压值，根据放大器负载 R_L 上测得的放大器输出电压值 U_0，就可以计算出最大不失真功率 P_0。

$$P_0 = \frac{U_0^2}{R_L}$$

（3）**操作实例三** 调幅发射机的调试中话音放大电路调试操作步骤。图 5-19 为 $\mu A741$ 为集成运算放大器支持的语音放大电路，可以用它来对低频话音进行放大。该电路为一同相放大电路。

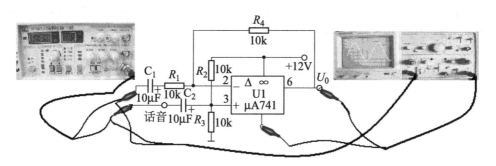

图 5-19 语音放大电路

调节输出幅度旋钮使信号发生器输出峰-峰值为 0.2V，调节倍率选择按钮到 1kHz，在调节频率微调旋钮使 $f=1kHz$ 的正弦信号，用示波器观察 $\mu A741$ 输出波形，其旋钮调节如图 5-20 所示。

信号发生器使用与维护注意事项：

① 仔细阅读所用信号发生器的使用说明书，不要超过指标数据数值；

② 仪器应该接地良好；

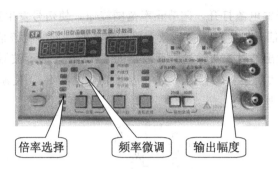

倍率选择　　　频率微调　　　输出幅度

图 5-20　信号发生器频率及幅度调节旋钮

③ 避免信号过载，避免外部的偏置可能导致前端过载，损坏前端器件；

④ 正确维护射频电缆及接头，操作时要小心，避免重复弯曲电缆。

下篇

元件识别与检测

在维修电工国家职业技能标准中对维修电工技能提出如下要求：

(1) 能识别常用低压电器的图形符号和文字符号；

(2) 能识别刀开关、熔断器、断路器、接触器、热继电器、中间继电器、主令电器、漏电保护器、指示灯的规格型号，并了解其用途；

(3) 能识别常用的电阻器、电容器、电感器、二极管、三极管等器件及其图形符号和文字符号；

(4) 能根据使用场合选用电线管、金属线槽、塑料线槽等、低压电缆接头、接线端子；

(5) 能拆装和修理按钮、指示灯、接触器、继电器；

(6) 能分辨三相交流异步电动机绕组的头尾；

(7) 能分辨变压器的同名端；

(8) 能识别光电开关、接近开关、能为稳压电路选用集成电路、能为单相调光、调速电路选用晶闸管；

(9) 能选用熔断器、断路器、接触器、热继电器、中间继电器、主令电器、指示灯及控制变压器；

(10) 能用万用表对上述电子元件进行检测；

这些元器件是电工、维修电工在工作中经常用到的，作为从业者必须要掌握其外观特征、性能。

学习本篇内容要达到以下目的：

① 了解常用器件的外表特征，通过元件外壳上的数据，辨识元件的特征；

② 熟练使用万用表检测元器件的好与坏。

6 低压电器元件识别与检测

一、内容简介

学习通过外形特征和元件上的数据识别元件，怎样使用万用表检测元件的好坏。主要内容如下。

6.1 继电器与接触器的识别与检测。继电器和接触器是同一类器件，经常被使用在机床控制电路中。了解继电器、接触器的特点、用途和使用时注意事项，使用万用表检测继电器线圈和触点的好坏是本节要介绍的重点内容。

6.2 时间继电器、热继电器的识别与检测。时间继电器和热继电器同属于继电器类元件，经常被使用在机床控制电路中。了解时间继电器和热继电器的特点、用途和使用时注意事项，使用万用表检测时间继电器和热继电器的好坏是本节要介绍的重点内容。

6.3 低压断路器、熔断器的识别与检测。断路器是一种开关，有多种类型，功能各有不同，怎样识别不同类型的断路器？使用万用表怎样检测，才能判断其好与坏是本节的主要内容。熔断器就是俗称的保险，有多种规格和类型。本节会介绍几种常用熔断器的特点和性能。

6.4 开关、指示灯的识别与检测。在一套设备中，仪表和指示灯是必不可少的。了解常用按钮的类型、用途，通过实例介绍使用万用表检测按钮好坏的方法，辨识和检测这些元件的好与坏是本节要介绍的内容。

6.5 变压器的识别与检测。变压器有升压和降压变压器之分，我们经常使用的是降压变压器。怎样判断变压器的好与坏，正是本节的重点内容。

6.6 检测传感器。简单介绍了接近开关、光电开关和霍耳传感器。重点描述了检测光电开关、霍耳传感器的方法。

6.7 线路中连接导线的检测。选择导线、检测导线和电缆、印刷电路板上线路通断的检测。

6.8 插接件的检测。介绍了几种常用的插接件，重点介绍怎样检测这些元器件。

通过本章学习，对维修电工、电工的常用低压电器的用途和检测方法有所了解，这只是入门，是否能熟练运用，还应该在实践中不断摸索才行。

二、学习建议

正确识别和检测低压电器是一名维修电工必须具备的基本技能。如果想熟练使用万用表检测这些器件，那么就必须先了解清楚这些器件的用途和结构。这些知识和技能，通过学习 6.1～6.8 节的内容可以获得。在学习时，应该对照实物进行，这种方法会使你很快掌握这些器件的特征。使用万用表检测这些元器件的好坏，是一项需要不断练习才能习得的一种技能。通过学习本章内容，可以帮助你走一些捷径。

三、学习目标

(1) 了解各类常用低压电器元件的用途和结构特点；
(2) 掌握使用万用表检测常用低压电器元件的方法。

6.1 继电器与接触器的识别与检测

图 6-1 是一个电气控制线路的示意图。在图中的各个元器件是本章要介绍的主要内容。

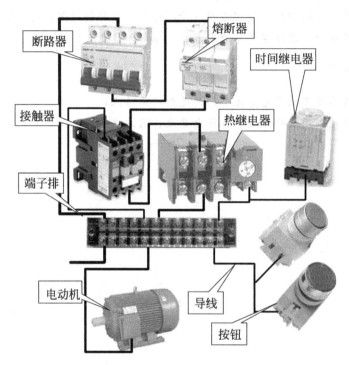

图 6-1   电气控制的一个线路示意图

6.1.1   常用继电器与接触器结构

继电器与接触器属于同一类器件，都是用较小电流来控制较大电流或高压的一种自动开关，它在电路中起着自动控制或安全保护等作用。接触器触点的容量较大。继电器有直流继电器和交流继电器之分。交流继电器与接触器外形及图形符号如图 6-2 所示。

6.1.2   常用继电器/接触器工作原理

继电器在机床控制线路中，常用来控制各种电磁线圈，起到触点的容量或数量的放大作用。JZ7 系列继电器适用于交流电压 500V、电流 5A 及以下的控制电路。

交流继电器由电磁系统（线圈、动铁芯和静铁芯）、触点系统、反作用弹簧及复位弹簧等组成。JZ7 交流继电器的外形和结构示意如图 6-3 所示。

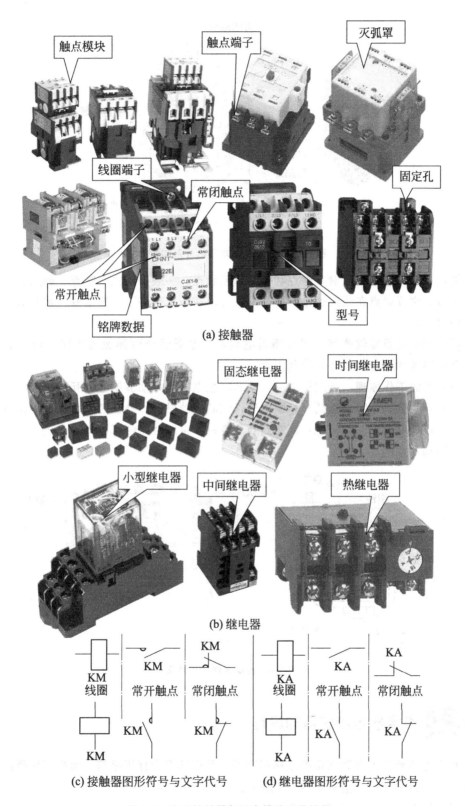

(a) 接触器

(b) 继电器

(c) 接触器图形符号与文字代号   (d) 继电器图形符号与文字代号

图 6-2 交流接触器与继电器外形及符号

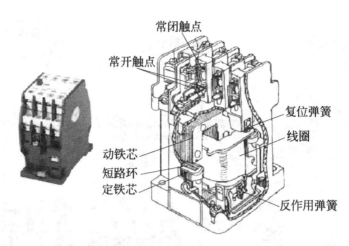

图 6-3　JZ7 交流继电器的外形和结构

触点系统，它包括数对主触点和数对辅助触点，一般是桥式双断点。触点有常开和常闭之分。常开触点在线圈通电的情况下，可以在额定条件下切换电源，常开触点用于控制回路。

反作用弹簧及复位弹簧，当线圈得电后，接触器吸合时弹簧被压缩；当线圈失电后，利用弹簧的储能将接触器恢复正常。

继电器的工作原理：线圈得电后，铁芯产生电磁力，动静铁芯相互吸合，动铁芯带动常开触点吸合、常闭触点断开；断电后，铁芯失掉磁力，动铁芯在弹簧力的作用下返回原位，使得继电器的常开触点恢复到断开位置，常闭触点恢复到闭合位置。图 6-4 是继电器结构示意图。

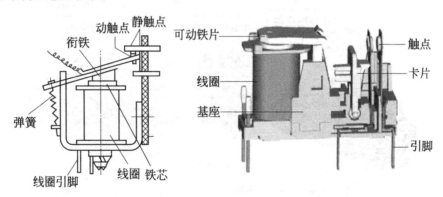

图 6-4　继电器结构示意图

6.1.3　继电器与接触器的识别

在继电器外壳上有数据铭牌或标识字符，数据铭牌或标识字符，给出了简要的一些数据和触点信息。具体信息如图 6-5 所示。

通过这些信息，我们可以初步辨识：

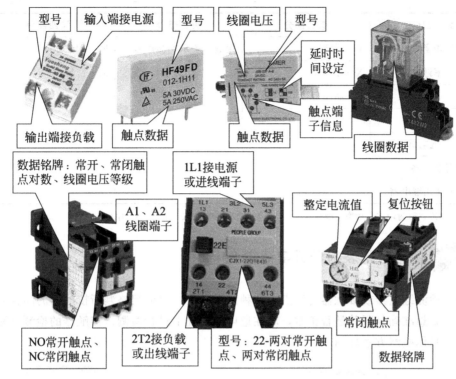

图 6-5 继电器外壳信息

① 继电器的类型。如是直流继电器还是交流继电器。

② 线圈的电压等级。如交流（AC）～380V、～220V、～127V、～110V。直流 24V、12V、9V、6V 等，线圈的端子是在继电器的同一侧还是在两侧。

③ 触点信息。看到有几对常开触点、几对常闭触点，触点允许的最大电流值。

④ 接线。也能够知道哪一个端子接电源（或进线端），哪一个端子接负载（出线端）。

⑤ 可调整数据的范围。

⑥ 外形尺寸，安装范式。

⑦ 继电器的型号，生产厂商。

这些信息对我们使用继电器是必不可少的。要想得到更详细的数据，就要查看元件生产厂家提供的技术数据手册（样本）了。每个生产厂商在技术数据手册（样本）给出的技术数据是不同的。

一般国产继电器的型号命名由四部分组成：第一部分＋第二部分＋第三部分＋第四部分。各部分含义如表 6-1 所示。

表 6-1 一般国产继电器的型号命名

第一部分	第二部分	第三部分	第四部分
继电器型号第一部分用字母表示继电器的主称类型	继电器型号第二部分用字母表示继电器的形状特征	电器型号第三部分用数字表示产品序号	继电器型号第四部分用字母表示防护特征

续表

第一部分	第二部分	第三部分	第四部分
JR—热继电器	W—微型	用数字表示产品序号	F—封闭式
JZ—中功率继电器	X—小型		M—密封式
JC—磁电式继电器	C—超小型		
JT—特种继电器			
JM—脉冲继电器			
JS—时间继电器			
JAG—干簧式继电器			

例如：JRX-13F（封闭式小功率小型继电器）。JR—小功率继电器；X—小型；13—序号。

6.1.4　使用万用表检测继电器/接触器

（1）检测继电器或接触器的触点　此种测量方法，只能粗略判断接触器的闭合和断开情况，要想准确判断其是否正常，应在通电的情况下进行检测。接触器的检测方法与此类似。具体检测方法如图 6-6 所示。

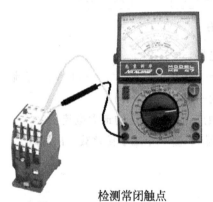

检测常闭触点
步骤：
① 选择万用表RX1挡位；
② 将两表笔分别接触常闭触点的两端；
③ 此时表的指针指向最右端，电阻为"0"，触点闭合正常；
④ 用外力将其向下按压；
⑤ 此时表的指针指向最左端；
⑥ 撤销外力，如果为无穷大，则说明此触点已损坏

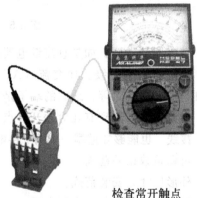

检查常开触点
步骤：
① 选择万用表RX1挡位；
② 将两表笔分别接触常开触点的两端；
③ 此时表的指针指向最左端，电阻为无穷大；
④ 如果电阻为 0，则说明此触点已损坏；
⑤ 用外力将其向下按压；
⑥ 此时表的指针指向最右端，触点闭合正常

图 6-6　检测继电器/接触器的触点

（2）使用万用表检测继电器/接触器的线圈　检测继电器线圈的通断。具体方法如图 6-7 所示。

（3）检测固体继电器　固态继电器（简称 SSR）是一种高性能的新型继电器，具有控制灵活、无可动接触部件、寿命长、工作可靠、防爆耐震及无声运行的特点，常用

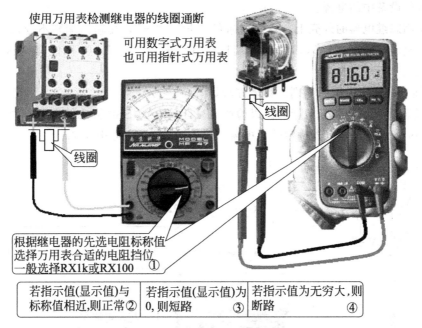

使用万用表检测继电器的线圈通断

可用数字式万用表
也可用指针式万用表

线圈

线圈

根据继电器的先选电阻标称值
选择万用表合适的电阻挡位
一般选择RX1k或RX100 ①

若指示值(显示值)与 标称值相近,则正常②	若指示值(显示值)为 0,则短路 ③	若指示值为无穷大,则 断路 ④

图 6-7 检测继电器线圈的通断方法

判别输入输出引脚
使用RX10k挡分别测量
4个引脚间的正、反向电阻值。

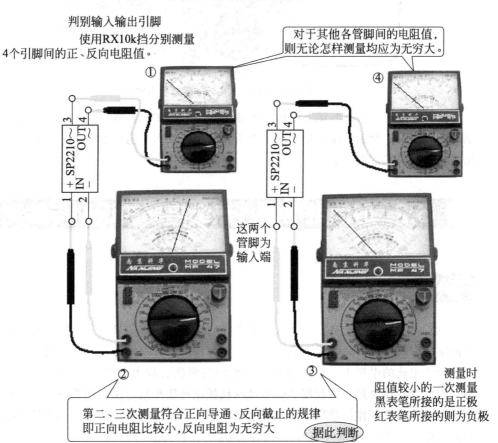

对于其他各管脚间的电阻值,
则无论怎样测量均应为无穷大。

①

④

这两个
管脚为
输入端

②

③

第二、三次测量符合正向导通、反向截止的规律
即正向电阻比较小,反向电阻为无穷大

据此判断

测量时
阻值较小的一次测量
黑表笔所接的是正极
红表笔所接的则为负极

图 6-8 输入、输出引脚的判别方法

于通断电气设备中的电源。

交流固态继电器的外壳上，输入端标有"＋"、"－"，而输出端则不分正、负。直流固态继电器，一般在输入端和输出端标注有"＋"、"－"，并标注有"DC 输入"、"DC 输出"。

① 输入、输出引脚的判别。具体方法如图 6-8 所示。

② 检测输入电流和带载能力。以检测 SP2210 型 AC-SSR 固态继电器为例，具体方法如图 6-9 所示。该继电器额定输入电流为 $10\sim20mA$，负载电流 2A。

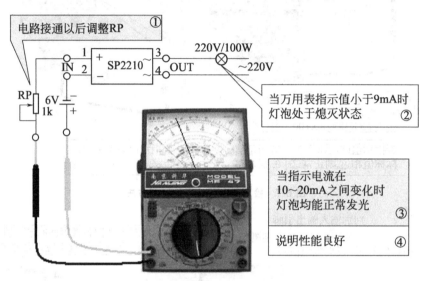

图 6-9　检测输入电流和带载能力方法

需要注意的是：有些固态继电器的输出端带有保护二极管，测试时，可先找出输入端的两个引脚，然后采用测量其余 3 个引脚间正、反向电阻值的方法，将公共端、正输出端和负输出端加以区别。

6.2　时间继电器、热继电器的识别与检测

6.2.1　时间继电器

（1）时间继电器　是指当加入（或去掉）输入的动作信号后，其输出电路需经过规定的准确时间才产生跳跃式变化（或触头动作）的一种继电器。是一种使用在较低的电压或较小电流的电路上，用来接通或切断较高电压、较大电流的电路的电气元件。同时，时间继电器也是一种利用电磁原理或机械原理实现延时控制的控制电器。凡是继电器感测元件得到动作信号后，其执行元件（触头）要延迟一定时间才动作的继电器称为时间继电器。图 6-10 是常用的几种时间继电器及符号。

时间继电器的电气控制系统中是一个非常重要的元器件。它由电磁系统、延时机构

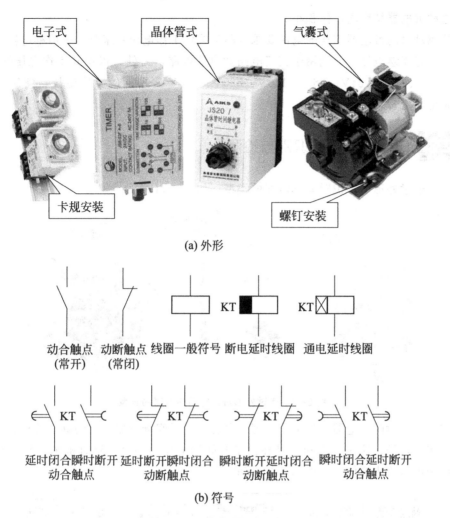

(a) 外形

动合触点　动断触点　线圈一般符号　断电延时线圈　通电延时线圈
（常开）　　（常闭）

延时闭合瞬时断开　延时断开瞬时闭合　瞬时断开延时闭合　瞬时闭合延时断开
动合触点　　　　动断触点　　　　动断触点　　　　动合触点

(b) 符号

图 6-10　时间继电器外形及符号

和触点三部分组成。一般根据其控制触点方式分为延时断开和延时接通，根据其动作原理分为通电延时和断电延时。从动作的原理上有电子式、机械式等。电子式的是采用电容充放电再配合电子元件的原理来实现延时动作。时间继电器的用途就是配合工艺要求，执行延时指令。

（2）主要特点

① 空气阻尼式时间继电器又称为气囊式时间继电器，它是根据空气压缩产生的阻力来进行延时的，其结构简单，价格便宜，延时范围大（0.4～180s），但延时精确度低。

② 电磁式时间继电器延时时间短（0.3～1.6s），但它结构比较简单，通常用在断电延时场合和直流电路中。

③ 电动式时间继电器的原理与钟表类似，它是由内部电动机带动减速齿轮转动而获得延时的。这种继电器延时精度高，延时范围宽（0.4～72h），但结构比较复杂，价格很贵。

④ 晶体管式时间继电器又称为电子式时间继电器，它是利用延时电路来进行延时

的。这种继电器精度高，体积小。

从驱动时间继电器工作的电源要求（驱动线包工作电压）来分，一般继电器分交流继电器与直流继电器，分别用于交流电路和直流电路，另外，依据其工作电压的高低，有 6V、9V、12V、24V、36V、110V、220V、380V 等不同的工作电压，使用于不同的控制电路上。

6.2.2　时间继电器的识别与检测

（1）通过外形可辨识时间继电器的类型　如图 6-11 所示。

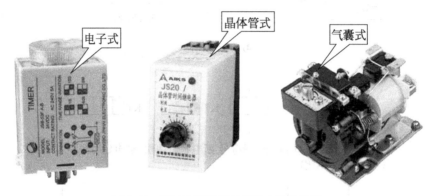

图 6-11　通过外形辨识时间继电器的类型

（2）通过时间继电器外壳上的数据或名牌识别时间继电器　时间继电器外壳上都有一些数字或符号，这些数字和符号提供了时间继电器的型号、延时范围、延时触点对数、线圈电压等主要信息，如图 6-12 所示。

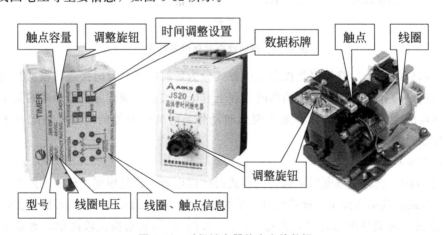

图 6-12　时间继电器外壳上的数据

当需要更详细的技术数据时，就要查阅生产厂商提供的样本，或通过生产厂商的官网搜集相关信息。

（3）使用万用表判别时间继电器的线圈及触点　检测线圈的好坏、判别触点是常开还是常闭的方法与检测继电器的方法相同。

6.2.3 热继电器

热继电器是利用流过继电器的电流所产生的热效应而反时限动作的继电器。所谓反时限动作，是指继电器的延时动作时间随电流的增加而缩短。热继电器主要用于电动机的过载保护、断相保护、电流不平衡运行的保护及其他电气设备发热状态的控制。图6-13 是热继电器外形及符号。热继电器有单极、两极和三极之分。三极热继电器有带断相保护装置和不带断相保护装置两种。当过载后，有的热继电器可以自动复位，有的必须手动复位。有的热继电器是独立安装的，有的与继电器插装在一起。

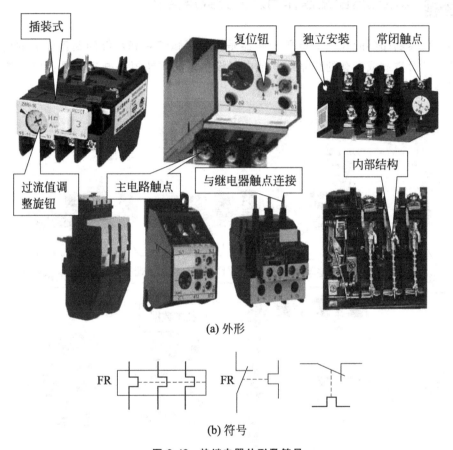

(a) 外形

(b) 符号

图 6-13 热继电器外形及符号

热继电器型号及参数含义。热继电器的型号一般有四部分组成，具体含义如下。

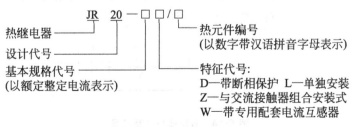

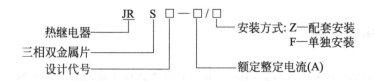

热继电器　JR　S　□—□/□　安装方式: Z—配套安装
三相双金属片　　　　　　　　　　F—单独安装
设计代号　　　　　　　　额定整定电流(A)

6.3　低压断路器、熔断器的识别与检测

6.3.1　常用低压断路器作用及外壳数据含义

（1）低压断路器的作用。低压断路器是具有灭弧装置和足够的断流能力的电气元件。用于切合空载或有载的线路或其他电气设备以及切断短路电流。图 6-14 是断路器的外形及符号。

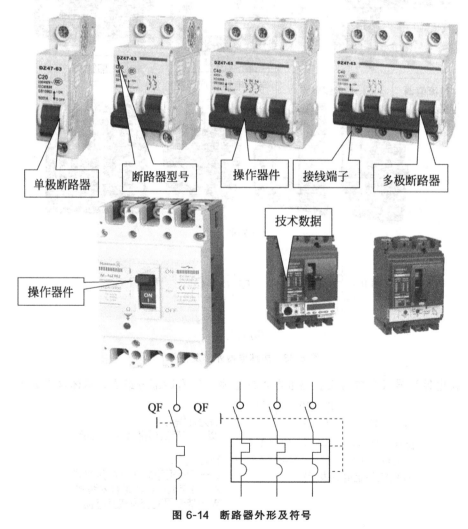

图 6-14　断路器外形及符号

（2）断路器外壳上字符和数字的含义　在断路器外壳上有很多字符和数字。这些字符和数字的含义如图 6-15 所示。

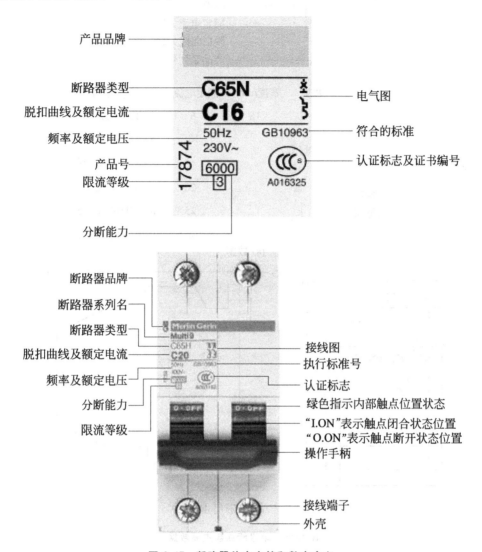

图 6-15　断路器外壳字符和数字含义

图 6-16 式单极断路器系列产品的主要数据。

小型断路器（C 型）适用于照明配电系统，（D 型）用于电动机配电系统。小型断路器型号的含义如下。

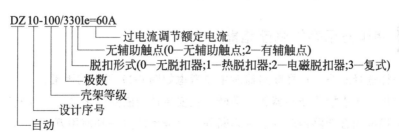

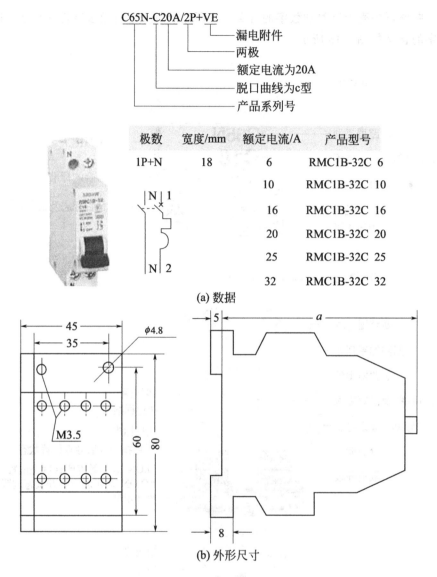

(a) 数据

(b) 外形尺寸

图 6-16 单极断路器主要数据

极数	宽度/mm	额定电流/A	产品型号
1P+N	18	6	RMC1B-32C 6
		10	RMC1B-32C 10
		16	RMC1B-32C 16
		20	RMC1B-32C 20
		25	RMC1B-32C 25
		32	RMC1B-32C 32

型号 C65N-C20A/2P＋VE 表示：小型断路器 C65N-C20A/2P 与漏电附件 VigiELE 拼接使用的漏电断路器。

在维修中如果需要更换小型断路器，一定要注意额定电流和额定电压值。同时还要注意小型断路器的类型是（D 型）还是（C 型）。

6.3.2 使用万用表检测断路器

（1）怎样选择断路 选择断路器时主要考虑如图 6-17 所示的因素。

（2）使用万用表检测断路器触点通断。在安装使用断路器之前，要判断以下断路器的好坏。除根据闭合断路器时的手感判断外，更准确的方法是使用万用表判断断路器的触点闭合情况。计提方法和步骤如图 6-18 所示。

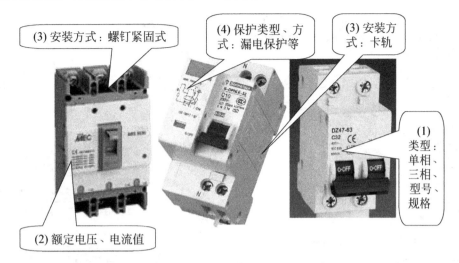

图 6-17 选择断路器主要考虑的因素

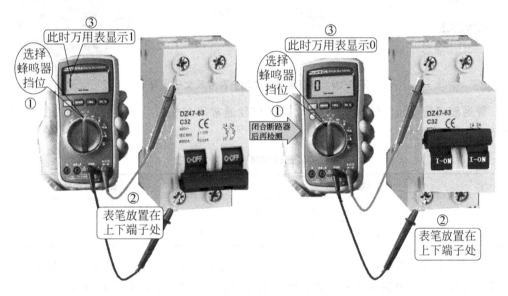

图 6-18 检测断路器的触点通断

6.3.3 熔断器

熔断器是电路中的保护元件。熔断器在低压配电网络中主要作为过载和短路保护之用。它串联在线路中，当通过熔断器的电流大于规定值时，以它本身产生的热量使熔体熔化而自动分断电路，起到保护的作用，它是一种保护电器。

当连接在电路中的设备发生过载或短路时，它能自身熔化断开电路，避免由于过电流的热效应引起电网和用电设备的损坏，并阻止事故蔓延。

（1）常用的熔断器　有普通玻璃管熔丝、快速熔断元件、延迟型熔丝、熔断电阻和温度熔丝等，其外形和图形符号及文字代号如图 6-19 所示。

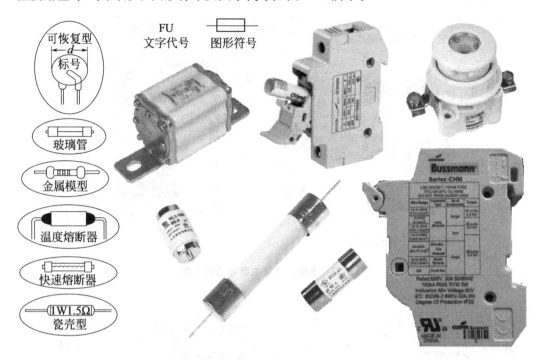

图 6-19　熔断器外形和图形符号及文字代号

普通玻璃管熔丝的规格如表 6-2。这种熔丝通常需与相应的熔丝座配套使用，因价格低廉、使用方便，应用极为广泛。

表 6-2　普通玻璃管熔丝的规格

额定电流/A						长度尺寸/mm		
0.5	1	2	3	5	8	18	20	22
0.75	1.5	2.5	4	6	10			

熔断器主要由熔体和安装熔体的熔管（或熔座）组成。一般首先选择熔体的规格，再根据熔体的规格去确定熔断器的规格。不同的负载，选用熔断器是有所区别的。

（2）熔断器的两个重要数据　熔断器的额定电压必须大于或等于线路的工作电压；额定电流必须大于或等于所装熔体线路的额定电流。

熔体额定电流的选择：对电炉、照明等电阻性负载的短路保护，熔体的额定电流应稍大于负载的额定电流。对于电机负载的短路保护所用熔断器的选择如下：

一台电动机的短路保护熔断器熔体的额定电流应等于 1.5～2.5 倍电动机的额定电流。

多台电动机的短路保护熔体的额定电流应大于或等于其中最大容量的一台电动机的额定电流的 1.5～2.5 倍，加上其余电动机额定电流的总和。

在电动机容量较大，而实际负载较小时，熔体额定电流可适当选小些，小到以启动时熔体不熔断为准。

（3）熔断器的质量检验　可用万用表电阻挡测量，电阻值为"0Ω"即为正常；若不通或电阻值较大或忽大忽小，表明元件已坏，不能使用。

（4）熔断器在线路中的安装位置　不同类型的熔断器安装方式不同。如螺旋式熔断器应将其接线端子上、下放置，同时要注意进线端子（电源进线）和出线端子（设备接线端）不要倒置。瓷插式熔断器应垂直安装。

（5）电源的中性线上不能安装熔断器　熔断器应安装在各相（火）线上，三相四线制电源的中性线上不能安装熔断器。如果在中性线上安装了熔断器，当熔体烧断时负载中性点和电源中性点之间的通路就被切断。此时，对采用接零保护线路系统而言，线路上所有设备和装置的金属外壳均有带电的危险。另外，如果用电设备或装置有一相发生对中性线或外壳短路时，则其余两相的相电压就会升高，可能烧毁用电设备。

（6）安装多级熔断器时，各级熔体应相互匹配，应做到下一级熔体额定值小于上一级熔体额定值。

6.4　开关、指示灯的识别与检测

6.4.1　常用开关器件类型

按钮开关种类很多，常用的有拨动开关、按钮开关、船形开关、滑动开关、旋转开关、微动开关等。虽然结构不同，但就其在电路中起的作用基本上是一样的。常用各类开关如图 6-20 所示。

图 6-20　常用各类开关

　　按钮开关有自锁型和非自锁型两种。自锁型开关就是按一下开关闭合（或断开），再按一下就断开（或闭合），如急停按钮。而非自锁型按钮要使其保持闭合（或断开）状态，就必须用外力使其保持按下的位置。

　　因为开关属于操作器件类，操作频率比较高，属于易损件。常常由于开关的损坏，使设备发生停机故障。在日常的维修工作中，开关是维修工程师关注度比较高的元器件。对于开关类器件的检测方法很简单，一般使用万用表检测其通断，以此判断是否正常。按钮开关有两大类：一类像拨动开关，广泛应用在电子电路，如图 6-21 所示；另一类额定电流大，一般应用在继电控制电路中，这种按钮开关包括两种不同类型的开关——按钮开关及选择开关，如图 6-22 所示。

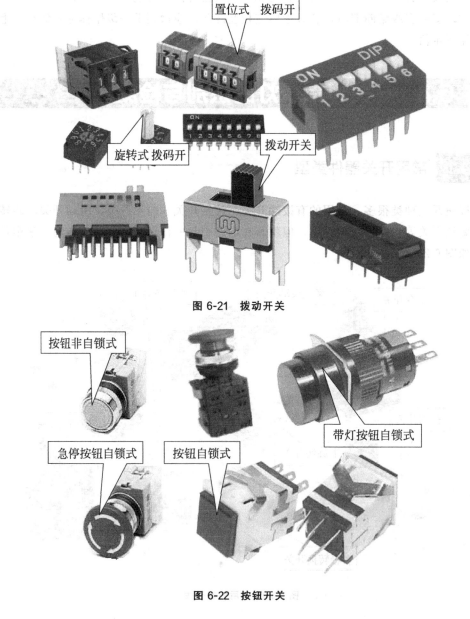

图 6-21　拨动开关

图 6-22　按钮开关

6.4.2 继电控制电路中常用开关器件的检测

检测开关器件，先靠目测检查开关的外观是否有破损，接线端子是否松动，按下、抬起、波动、旋转开关时，是否有卡住现象。

安装或更换开关之前，要先检查开关的好坏，辨识、测量判断常开和常闭点。如果开关与导线是焊接方式，在焊接时一定要选择合适功率的电烙铁，焊接时间不要过长，以免损坏开关。

（1）检测按钮开关的通断　检测开关常闭触点的方法及步骤如图 6-23 所示。

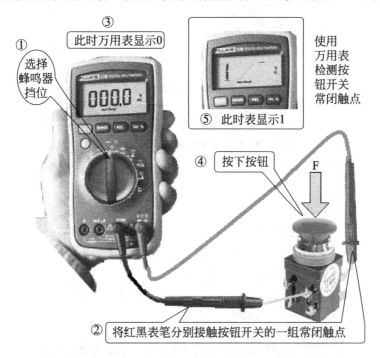

图 6-23　检测按钮开关的常闭触点的方法及步骤

如果测量之前，不知道那一对是常开触点或常闭触点，就要先使用万用表判断触点是常开还是常闭。方法简单，按钮在原始状态，使用万用表的蜂鸣挡位，表笔任接一对触点，如果蜂鸣器鸣叫，此对触点就是常闭触点。检测常开触点的方法如图 6-24 所示。

（2）微动开关检测　检测微动开关时可以检测其引脚间的阻值变化，以此来判断开关的好坏。为了能够清楚地观测到开关通断的变化，在这里使用指针式万用表进行检测。

在检测微动开关常开触点两引线端的电阻值时，按动键钮，观察万用表的读数，若指针所指的数值很小或接近于 0，表明微动开关为导通状态，且这个微动开关是正常的；若按动微动开关的键钮时，万用表的指针没有发生变化，则说明微动开关已损坏，具体操作如图 6-25 所示。

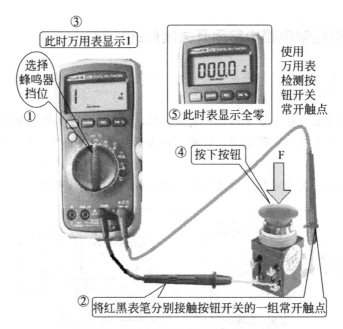

图 6-24 检测按钮开关常开触点的方法

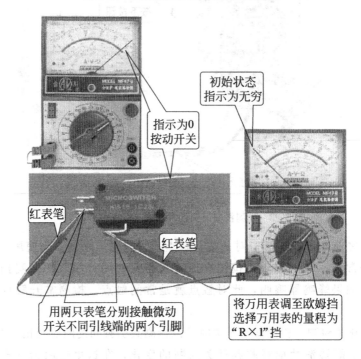

图 6-25 微动开关检测

6.4.3 电子电路中常用开关器件的检测

（1）检测拨动开关 具体方法如图 6-26 所示。

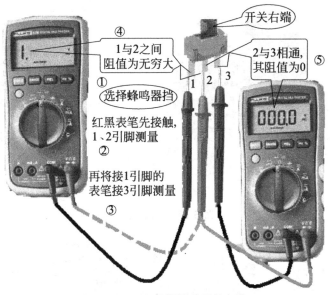

(a) 检测拨动开关方法一

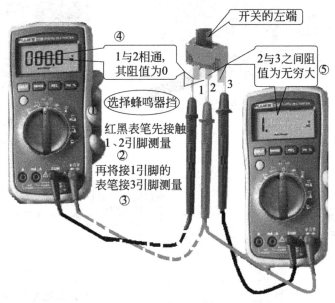

(b) 检测拨动开关方法二

图 6-26 检测拨动开关的好坏

（2）旋转式开关的检测方法 图 6-27 所示为一波段开关。它共有 11 个触片，其中有 1 公共触片，10 个静止触片，另外有 1 个动触片。

判断旋转式开关是否正常，可对公共触片和静触片的阻值进行检测，具体的检测方法如图 6-28 所示。

为了正确判断该旋转开关是否正常，还要检测其他选通位的情况，正常情况下，凡被选通位的静触片与公共触片均应该导通，即电阻值约为零。否则就不正常。

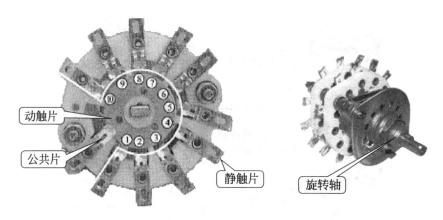

动触片

公共片

静触片

旋转轴

图 6-27　波段开关

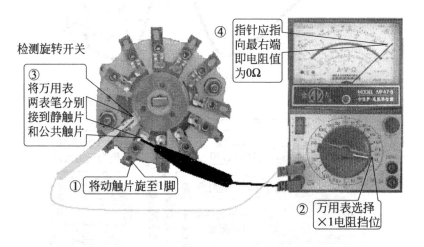

检测旋转开关

③
将万用表
两表笔分别
接到静触片
和公共触片

① 将动触片旋至1脚

④ 指针应指
向最右端
即电阻值
为0Ω

② 万用表选择
×1电阻挡位

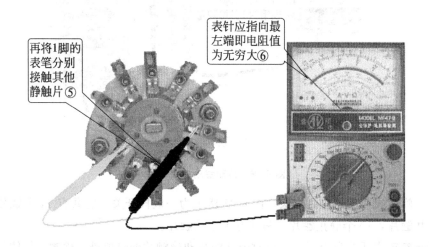

再将1脚的
表笔分别
接触其他
静触片⑤

表针应指向最
左端即电阻值
为无穷大⑥

图 6-28　判断旋转式开关是否正常

（3）直键开关的检测方法　直键开关的检测可分为在线检测法和离线检测法。

① 在线检测直键开关。对于焊接在电路板上的直键开关，在线检测时，应对

电路板上所对应的背部引脚进行测量，因为在电子产品电路板中，直键开关安装形式如图 6-29 所示，无法在正面进行检测，只能在背面检测，具体检测方法如图 6-29 所示。

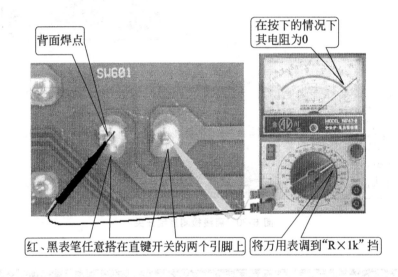

图 6-29　在线检测直键开关

不同的电子产品，在线检测开关部件断路状态时的阻值是不同的，而接触状态其阻值都为 0。

② 离线检测直键开关。直键开关离线检测与在线检测的方法基本相同，但是相同开关测出的数值是不同的，因为开关在路时，可能会受到电路的影响。

该直键开关是不能自动复位的开关，即按下按钮后，不能够自动复位，需要再按一下才能返回到原来的状态，因此，直键开关应在两种状态下进行检测，一种是初始状态，一种是按下状态。具体检测方法如图 6-30 所示。

在检测其他直键开关时，可参照上述方法进行测量，但要注意，测出的数值未必相同。

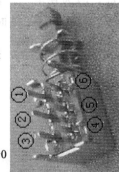

检测初始状态下的直键开关
将万用表调到"R×1"挡，
红、黑表笔任意接在
直键开关的①、②脚上，
测出的数值接近于0属正常。
在初始状态下检测
直键开关⑤、⑥脚的阻值，
正常情况下的阻值应接近于0

按下后
再次检测直键开关的各个引脚，
这时测出②、⑥脚之间和④、
⑤脚之间有固定的阻值，
故处于导通状态，
而①和⑥脚之间的阻值为无穷大
处于断开状态。

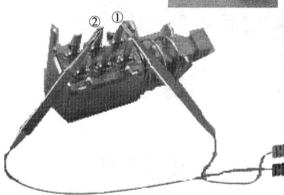

接下来我们检测③、④脚
是否也为导通状态，
初始状态下检测直键开关
的③、④脚阻值万用表测得
数值为无穷大，
表明直键开关的③、④
为断开状态。

若测得结果与上述
检测的情况不符
表明该开关
出现故障

图 6-30　离线检测直键开关

6.5　变压器的识别与检测

6.5.1　变压器的识别

（1）变压器的结构　由于各种用电设备所需的电压等级不一样，就需要各种类型的
变压器变换出不同等级的电压，才能满足不同用电设备的需要。变压器是利用电磁感应
原理来升高或降低交流电路电压的一种静止的电器。它除了能把某一等级的电压变换成
同频率另一等级的电压之外，还能变换电流、变换阻抗、改变相位等。常用单相、三相
变压器外形如图 6-31。

图 6-31 变压器外形、图形符号和文字符号

变压器的基本结构由铁芯及套在铁芯柱上的线圈（也称绕组）组成。变压器由铁芯（或骨架）、原边绕组、副边绕组、支架和接线端子组成。其结构组成如图 6-32 所示。其中与电源连接的绕组就是原边绕组（也叫初级绕组），与负载相接的绕组就叫副边绕组（也叫次级绕组）。原边绕组和副边绕组都可以有抽头，副边绕组可以根据需要做成多绕组的。

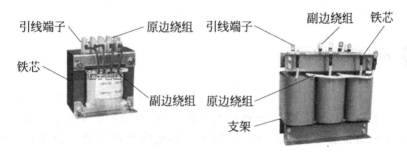

图 6-32 变压器的结构

（2）变压器的主要参数 变压器的主要参数有变比、功率和频率响应等。不同的变压器对主要参数的要求是不一样。电源变压器的主要参数有额定功率、额定电压和额定电流、空载电流和绝缘电阻。音频变压器的主要参数有阻抗、频率响应和功率。

① 变压比。变压器的副边绕组的匝数 N_2 与原边绕组的匝数 N_1 之比。它反映了变压器的电压变换作用。变压器的变压比由下式确定：

$$U_2/U_1 = N_2/N_1$$

式中，U_2 为变压器的副边绕组的电压；U_1 为变压器原边绕组的电压。

② 效率。在额定负载时，变压器的输出功率 P_2 与其输入功率 P_1 之比，称为变压器的效率 η。即 $\eta = P_2/P_1$。

③ 频率响应是音频变压器的一项重要指标。通常要求音频变压器对不同频率的音频信号电压，都能按一定的变压比作不失真的传输。实际上，由于变压器初级电感和漏感及分布电容的影响，不能实现这一点。初级电感越小，低频信号电压失真越大；漏感和分布电容越大，对高频信号电压的失真越大。

（3）变压器的工作原理 图 6-33 为变压器工作原理示意图。当交流电通过原边绕组时，就会产生感应电动势，进而产生一个感应磁场，这个磁场是交变的，从而使铁芯磁化。使副边绕组被磁化，产生与原边绕组相同的磁场，根据电磁感应原理，在副边绕组中也会产生一个交流电压，交流电压的大小与变压器的变比比决定。这就是变压器的工作原理。

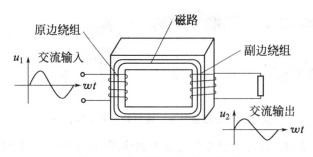

图 6-33 变压器工作原理示意图

使用变压器时，必须保证在铭牌规定条件及额定数据下运行，如果条件不符或超出额定数据，必将缩短变压器使用年限，甚至损坏变压器。铭牌上标出的技术数据主要有型号、额定容量、相数、频率、额定电压、额定电流、阻抗电压、使用条件、冷却方式、温升及联结组标号等。

6.5.2 变压器的检测

（1）电源变压器的绝缘性测试　用万用表 R×10k 挡分别测量铁芯与初级，初级与各次级、铁芯与各次级、静电屏蔽层与初级、次级各绕组间的电阻值，万用表指针均应指在无穷大位置不动。否则，说明变压器绝缘性能不良。当然，还可以使用摇表测量。

用万用表 R×10k 挡分别测量铁芯与原边绕组，原边绕组与各副边绕组，铁芯与各副边绕组，静电屏蔽层与原边绕组、副边绕组，副边绕组间的电阻值，万用表指针均应指在无穷大位置不动。否则，说明变压器绝缘性能不良。具体检测方法如图6-34 所示。

（2）检测判别各绕组的同名端　判别同名端的一种方法如图 6-35 所示。

判断同名端还有其他的方法。

① 交流测定法。先假定两个绕组的始、末端分别为 A、a，X、x。用导线将 X 和 x 短接，在 A 与 X 之间施加一个较低的交流电压（36～220V），用交流电压表分别测量 A 与 X、a 与 x、A 与 a 之间的电压 U_{AX}、U_{ax}、U_{Aa}。如果 $U_{Aa}=U_{AX}-U_{ax}$，则 A 与 a 为同名端。如果 $U_{Aa}=U_{AX}+U_{ax}$，则 A 与 a 为异名端。

② 剩磁测定法。此法用于判别三相异步电动机的同名端。先判别出每个绕组的两端，再假定三个绕组的始端分别为 D1、D2、D3，末端分别为 D4、D5、D6。其中 D1 与 D4、D2 与 D5、D3 与 D6 为同一绕组的两端。

将 D1、D2、D3 连成一点，D4、D5、D6 连成另一点，接入直流电流表。转动电动机转子，观察电流表指针状态。如指针不动，则连成一点的三个端子为同名端。如指针

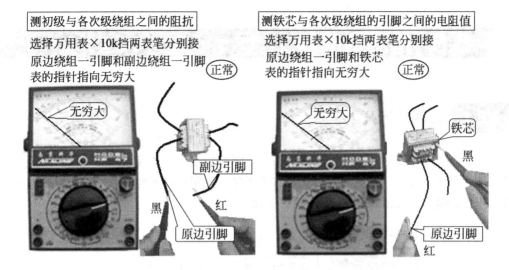

图 6-34　变压器原边绕组与副边绕组之间绝缘的判断

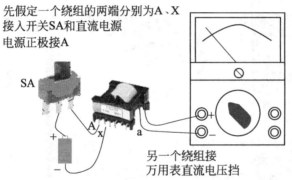

图 6-35　判别各绕组的同名端的一种方法

摆动，须对调一个绕组的两端后，再按上述方法判别。如指针仍摆动，应将该绕组的两端恢复，对调另一绕组的两端，再测。直至判明同名端。

（3）空载电流的检测　将次级所有绕组全部开路，把万用表置于交流电流挡（500mA），串入初级绕组。当初级绕组的插头插入交流 220V，万用表所指示的便是空载电流值。此值不应大于变压器满载电流的 10%～20%。一般常见电子设备电源变压器的正常空载电流应在 100mA 左右。如果超出太多，则说明变压器有短路性故障。

（4）空载电压的检测。将电源变压器的初级接交流 220V，用万用表交流电压接依次测出各绕组的空载电压值，应符合要求值，允许误差范围一般为：高压绕组≤±10%，低压绕组≤±5%，带中心抽头的两组对称绕组的电压差应≤±2%。

6.6 检测传感器

6.6.1 检测接近开关

接近开关被广泛应用在自动控制设备中。当有特定的物体接近开关时，并到达规定的距离，开关就动作。该类开关是一种有源器件，使用万用表检测时，必须给接近开关接通规定的电源（交流或直流）。检测方法如图 6-36 所示。

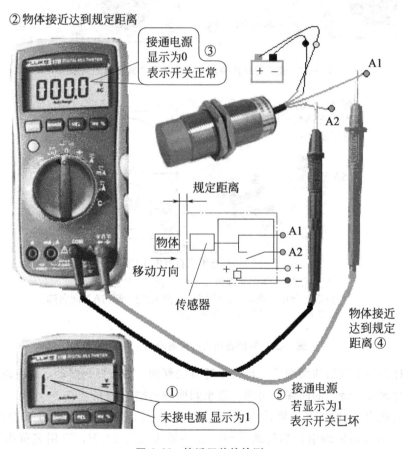

②物体接近达到规定距离

接通电源
显示为0 ③
表示开关正常

A1
A2

规定距离

物体
移动方向

传感器

A1
A2

物体接近
达到规定
距离④

①
未接电源 显示为1

⑤ 接通电源
若显示为1
表示开关已坏

图 6-36　接近开关的检测

6.6.2 检测光电开关

（1）确定输入端　利用二极管的单向导电特性，可以很容易地将光电开关的输入端（发射管）和输出端（接收管）区分开。具体方法如图 6-37 所示。

（2）检测接收管　正常时，用万用表 R×1k 挡测量，光电开关接收管的穿透电阻值多为无穷大。具体方法如图 6-38 所示。

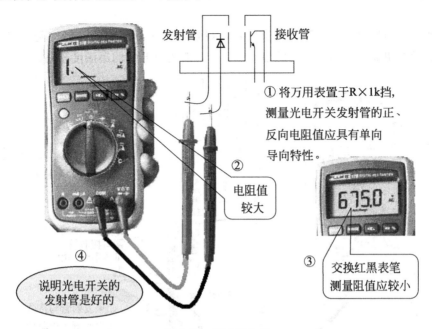

① 将万用表置于R×1k挡,测量光电开关发射管的正、反向电阻值应具有单向导向特性。

② 电阻值较大

③ 交换红黑表笔测量阻值应较小

④ 说明光电开关的发射管是好的

图 6-37 确定输入端

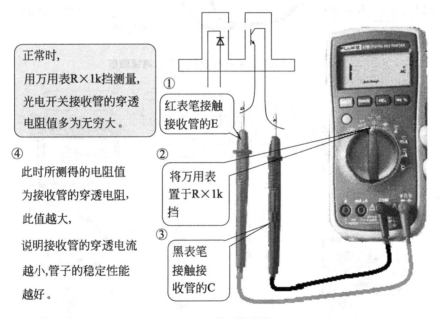

正常时,用万用表R×1k挡测量,光电开关接收管的穿透电阻值多为无穷大。

① 红表笔接触接收管的E

② 将万用表置于R×1k挡

③ 黑表笔接触接收管的C

④ 此时所测得的电阻值为接收管的穿透电阻,此值越大,说明接收管的穿透电流越小,管子的稳定性能越好。

图 6-38 检测接收管

(3) 检测发射管与接收管之间的绝缘阻值 具体方法如图 6-39 所示。

(4) 检测灵敏度 测试时采用两只万用表,测试电路如图 6-40 所示。

第一步,第 1 只万用表置于 R×10 挡,红表笔接发射管负极,黑表笔接发射管正极。

第二步,第 2 只万用表置于 R×10k 挡,红表笔接接收管 E,黑表笔接接收管 C。

　　第三步，将一黑纸片插在光电开关的发射窗与接收窗中间，用来遮挡发射管发出的红外线。

　　第四步，测试时，上、下移动黑纸片，观察第 2 只万用表的指针应随着黑纸片的上、下移动有明显的摆动，摆动的幅度越大，说明光电开关的灵敏度越高。

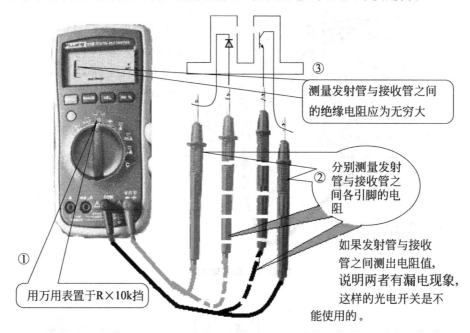

③ 测量发射管与接收管之间的绝缘电阻应为无穷大

② 分别测量发射管与接收管之间各引脚的电阻

如果发射管与接收管之间测出电阻值，说明两者有漏电现象，这样的光电开关是不能使用的。

① 用万用表置于 R×10k 挡

图 6-39　检测发射管与接收管之间的绝缘阻值

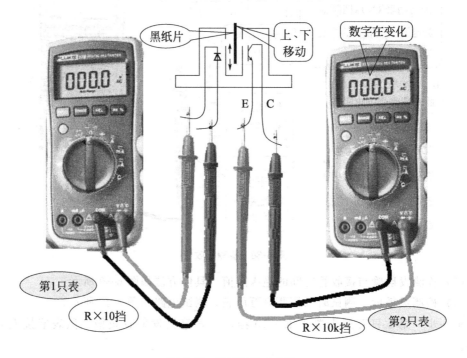

黑纸片　上、下移动

数字在变化

E　C

第1只表

R×10挡

R×10k挡　第2只表

图 6-40　检测灵敏度电路

6.6.3 霍耳传感器的检测

利用霍耳效应制成的半导体元件叫霍耳元件。所谓霍耳效应是指当半导体上通过电流，并且电流的方向与外界磁场方向相垂直时，在垂直于电流和磁场的方向上产生霍耳电动势的现象。

（1）测量输入电阻和输出电阻。具体方法如图 6-41 所示。

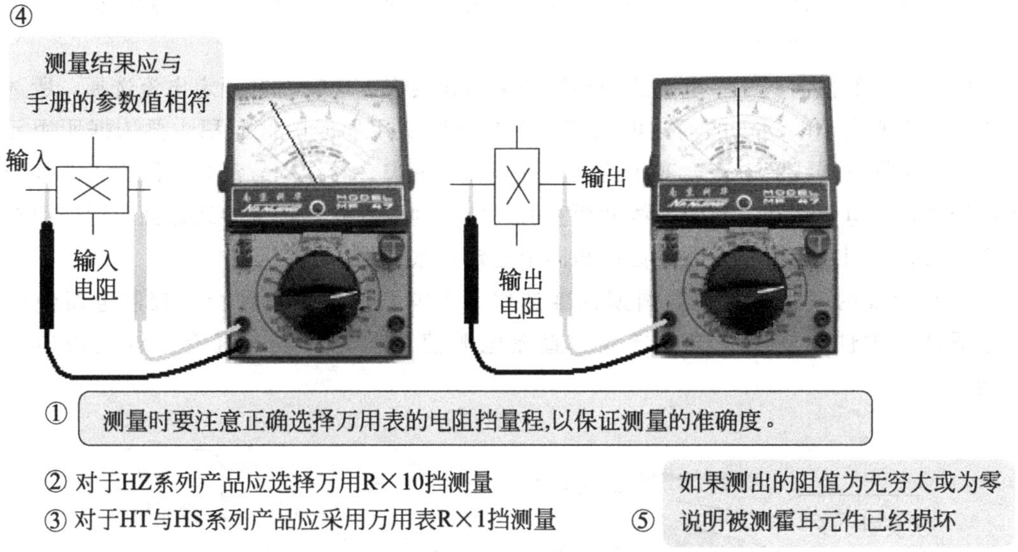

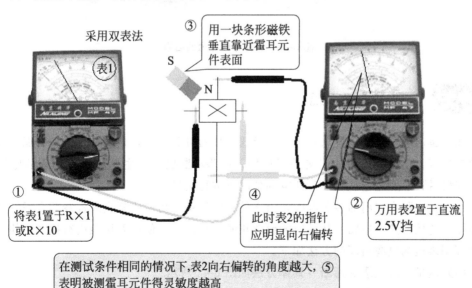

④
测量结果应与
手册的参数值相符
输入
输入
电阻
输出
输出
电阻
① 测量时要注意正确选择万用表的电阻挡量程,以保证测量的准确度。
② 对于HZ系列产品应选择万用R×10挡测量
③ 对于HT与HS系列产品应采用万用表R×1挡测量
⑤ 如果测出的阻值为无穷大或为零
说明被测霍耳元件已经损坏

图 6-41 测量输入电阻和输出电阻方法

（2）检测灵敏度 具体方法如图 6-42 所示。

采用双表法
表1
③ 用一块条形磁铁
垂直靠近霍耳元
件表面
S
N
① 将表1置于R×1
或R×10
④ 此时表2的指针
应明显向右偏转
② 万用表2置于直流
2.5V挡
在测试条件相同的情况下,表2向右偏转的角度越大,⑤
表明被测霍耳元件得灵敏度越高

图 6-42 检测灵敏度方法

6.7 线路中连接导线的检测

6.7.1 选择导线

在电气控制线路中，导线是必不可少的。选择导线时主要考虑导线的截面积、颜色和类型，如图 6-43 所示。

（1）导线的截面积　主电路所用导线的截面积要根据电动机的额定电流选择，所选载流量一定要大于电动机的额定电流值。控制电路所用导线的截面积主要依据所用元件，特别是继电器线圈电流、变压器的功率等因素考虑。导线的载流量一般大于或等于所用器件额定电流之和。由于导线截面积有一定系列，因此，选取导线截面积要选用在系列内的，否则一定要把导线的截面积向上正定到系列内。

（2）导线的颜色　要根据国家标准选用。主电路使用黑色导线，控制电路使用红色导线，中性线使用浅蓝色导线。直流电源使用蓝色导线，直流中线使用白色导线。

①类型：多股、单股，铜质、铝值

②颜色，截面积

图 6-43　选择导线考虑的因素

6.7.2 检测导线和电缆

在设备的电气控制装置（系统）中导线连接的可靠与否，直接影响设备功能的实现和稳定运行。在检测线路的连接是否良好、通路和断路时，主要使用万用表的电阻挡（或蜂鸣器挡），并且应该在设备断电的情况下进行测量。

在设备线路中使用的多芯电缆，由于外力的作用，易造成断裂或各线芯之间的绝缘被破坏，造成断路或短路，从而影响设备正常运行。可以使用万用表进行检测，使用数字式万用表检测电缆通断的方法如下。

（1）测量多芯电缆的通断　具体方法如图 6-44 所示。

（2）测量电缆中各线芯之间是否短路　具体方法如图 6-45 所示。

（3）测量带插接件连接线的通断　具体方法如图 6-46 所示。

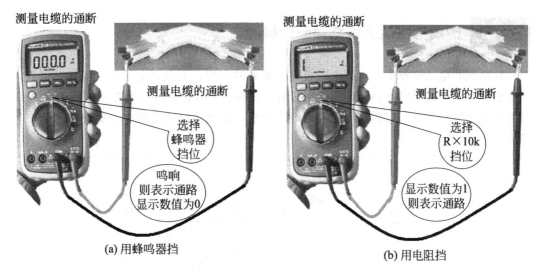

(a) 用蜂鸣器挡　　　　　　　　(b) 用电阻挡

图 6-44 测量电缆通断的方法

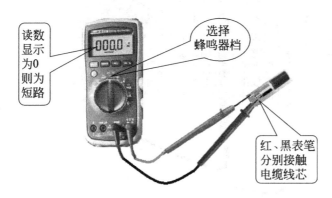

图 6-45 测量电缆中各线芯之间是否短路的方法

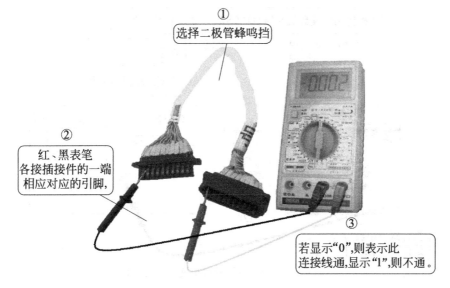

图 6-46 测量带插接件连接线通断的方法

6.7.3　印刷电路板上线路通断的检测

在电气和电子设备中，印刷电路板起着重要的作用，不仅是电子元件安装的基板，而且也是各元件连接的通路。印刷线路板有单面板、双面板和多层板之分。印刷线路板的检测除外观质量外，可使用万用表的电阻挡位，检测线路的通断和金属化孔的通断。具体方法如下。

（1）使用万用表的电阻挡位检测印刷板上敷铜线的通断，具体方法如图 6-47 所示。

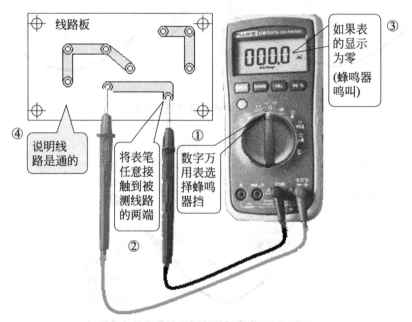

线路板

③ 如果表的显示为零（蜂鸣器鸣叫）

④ 说明线路是通的

② 将表笔任意接触到被测线路的两端

① 数字万用表选择蜂鸣器挡

(a) 使用数字表检测覆铜线的通断

③ 表的指针指向读数盘的最右端(电阻为零处)线路是通的

④ 如果指示的阻值过大或为无穷大说明线路已经断路了

线路板

② 将表笔任意接触到被测线路的两端

① 指针式万用表选择R×1挡

(b) 使用指针表检测覆铜线的通断

图 6-47　万用表检测覆铜线的通断方法

（2）使用万用表的电阻挡位检测金属化孔的通断 具体方法如图 6-48 所示。

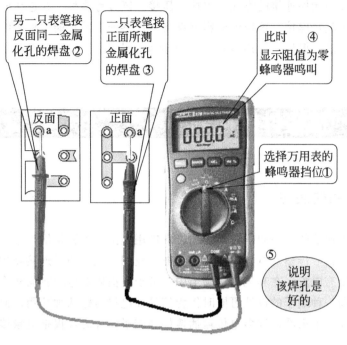

图 6-48 万用表检测金属化孔的通断方法

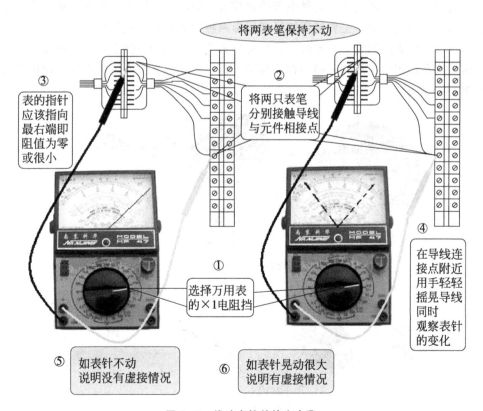

图 6-49 线路虚接的检查步骤

（3）线路虚接的检查　在设备、仪器中使用导线将元件连接起来，以实现信号、能量的传递。导线与元件连接的方式有焊接、压接、绕接等多种。在连接时或使用后会发生接触不良，也就是虚接。这样就会影响设备、仪器的正常功能。检查线路虚接情况一般靠直接检查方法。但借助万用表可以更准确检查出虚接情况。可按照如图6-49所示步骤进行。

6.8　插接件的检测

6.8.1　常用插接件

插接件是连接器的习惯叫法。随着插接件应用范围的不断扩展，它们可根据其两大基本功能而分成信号传输及电传输两类。在电子应用领域这两类连接器的显著特点在于其端子上一定带有电流，在其他的应用当中，端子所提供的电压将同样作为很重要的考虑对象，虽然同一种端子的设计可同时作为信号和电量传输两种功用，但在多种相类似的接触方式的应用上来看，许多电传输插接件在端子设计时仅仅把电量传输的需要作为唯一目的。

继电控制电路中使用的插接件电流值比较大，而电子线路中所用的插接件的电流值较小。继电控制电路中，主要使用矩形和圆形两种形状，有带锁紧和不带锁紧之分。一般使用螺钉紧固方式固定，与导线采取焊接形式连接。电子线路中所用的插接件形状很多。插接件在使用中的故障一般表现为接触不良，也就是平常所说的虚接。常用的插接件如图6-50所示。

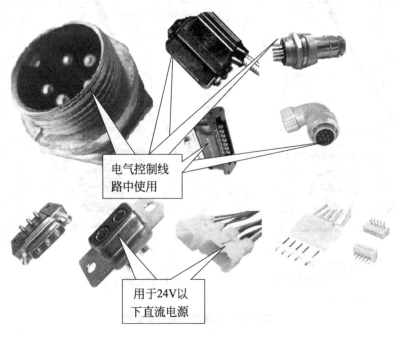

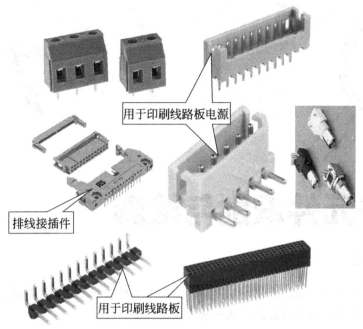

图 6-50   常用的插接件

插接件的主要数据有：间距、极数、定额、线径。插拔式接线端子型号：15EDGRC-3.5 间距 3.5，极数 4P，定额 380V/5A，线径 1.5mm^2。

6.8.2   检测插接件

插接件检测的具体方法如图 6-51 所示。

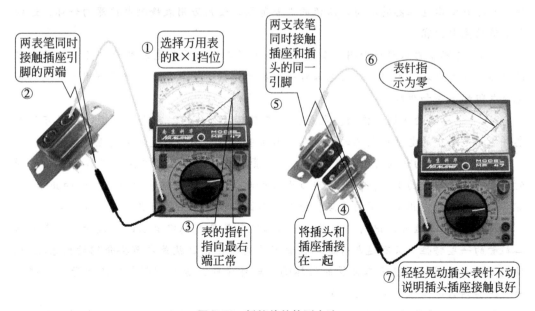

图 6-51   插接件的检测方法

7

电子元件识别与检测

一、内容简介

本章只是从实用的角度出发，学习通过元件外形特征和元件上的数据识别元件，使用万用表检测元件的好坏的技能，很少涉及理论知识。

7.1 电阻的识别与检测。电阻在电子产品中是一种必不可少的、用得最多的元件。怎样通过外表的数据识别电阻的一些属性，怎样使用万用表检测电阻的阻值或好坏，是本章重点介绍的内容。本节还介绍了电阻有哪些主要参数，常用电阻的类型，电阻阻值标称值的表示方法，怎样选择电阻，使用直观法检测电阻好坏，怎样在线和离线检测电阻阻值等内容。

7.2 电位器的识别与检测。电位器的阻值可以在某一个范围内变化。电位器主要用于改变和调节电路中的电压和电流。电位器按结构的不同可分为单圈、多圈电位器，单联、双联电位器，带开关电位器，锁紧和非锁紧型电位器。通过外壳上的标注数据和字符就能判断出电位器的类型，阻值的调整范围，使用万用表检测电位器的好坏，这些是本节的主要内容。

7.3 电容器的识别与检测。本节介绍了国产电容和国外电容型号含义；常用电容的种类，还有电容的主要参数及电容外壳数据的识读。重点介绍了使用万用表检测电容绝缘电阻的方法和步骤。

7.4 电感器的识别与检测。电感在电路中起什么作用？有哪些类型？使用万用表怎样检测电路中的电感？电感的主要参数有哪些？这些问题就是本节重点介绍的。

7.5 二极管的识别与检测。介绍了二极管的伏安特性及其应用；怎样通过二极管的型号辨识二极管的类型；怎样使用万用表检测二极管的好坏，分辨二极管的正负极，这些内容和技能，正是本节的重点。介绍了二极管型号命名的含义及其主要参数。

7.6 稳压二极管的识别与检测。稳压二极管是具有稳定电压的二极管，既有普通二极管的一些特性，又有这与普通二极管不同的特性，这就是本节要介绍的内容之一。使用万用表能够判断稳压二极管的好坏吗？操作步骤是否与判断普通二极管的步骤一样？这些内容也是本节重点介绍的。

7.7 三极管的识别与检测。国内外的三极管型号命名有哪些不同？怎样从型号上识读三极管的类型？通过三极管的封装就能分辨其引脚的极性吗？使用三极管时要考虑哪些参数？怎样使用万用表检测三极管的好坏？怎样判断三极管引脚的极性？学习了本节的内容，你就会了解和掌握了这些知识与技能。

通过本章学习，对维修电工、电工的常用电子元件的用途和检测方法有所了解，这只是入门，是否能熟练运用，还应该在实践中不断摸索才行。

二、学习建议

正确识别和检测电子元件是一名维修电工必须具备的基本技能。如果想熟练使用万用表检测这些元件，那么就必须先了解清楚这些元件的用途和结构。这些知识和技能，通过学习 7.1～7.7 节的内容可以获得。在学习时，应该对照实物进行，这种方法会使你很快掌握这些器件的特征。使用万用表检测这些元件的好坏，是一项需要不断练习才能习得的技能。通过学习本章内容，可以帮助你走一些捷径。

三、学习目标

（1）了解各类常用低压电器元件的用途和结构特点。

（2）掌握使用万用表检测常用低压电器元件的方法。

7.1 电阻的识别与检测

7.1.1 电阻的主要参数

电阻在电子产品中是一种必不可少的、用得最多的元件。它的种类繁多，形状各异，功率也各有不同。几种常用电阻的外形、图形符号、文字代号如图 7-1 所示。

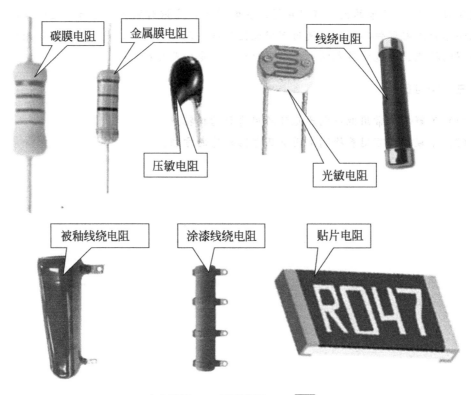

文字符号R   图形符号 ───[▭]───

图 7-1 常用电阻的外形、图形符号、文字代号

我们选用电阻时一般只考虑标称阻值、额定功率、阻值误差。其他几项参数，只在有特殊需要时才考虑。电阻的主要参数如图 7-2 所示。

7.1.2 常用电阻的类型

电阻按照阻值是否固定，可分固定电阻和可调电阻两种。电阻表面上标注的阻值就是它的标称阻值。固定电阻的文字符号是"R"，可调电阻的文字符号是"RP"。按照电阻的材质还可以划分为：碳质电阻、碳膜电阻、金属膜电阻、线绕电阻、水泥电阻、

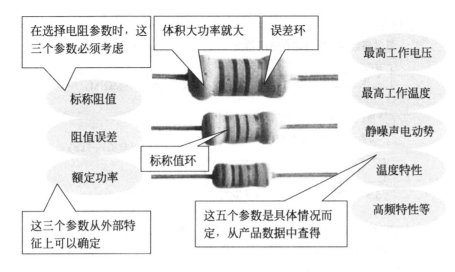

图 7-2　电阻的主要参数

贴片电阻等，如图 7-3 所示。

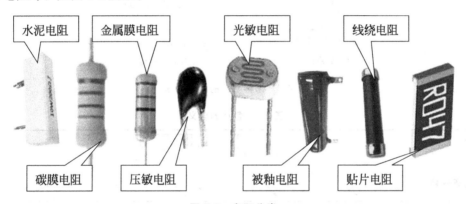

图 7-3　电阻分类

7.1.3　电阻阻值标称值的表示方法

（1）电阻的标称阻值　是指电阻表面所标注的电阻值。电阻值的单位为欧姆（Ω）、千欧姆（kΩ）和兆欧姆（MΩ）。其相互关系为：$1MΩ = 10^3 kΩ = 10^6 Ω$。标称阻值的标注方法如图 7-4 所示。

（2）电阻上的色环含义如表 7-1。

7.1.4　选择电阻

要根据电阻在电路中的用途，选择不同种类的电阻。选用电阻时主要考虑类型、阻值、功率和误差等。

（1）电阻功率的选择　参照图 7-5 中的提示选择参数。

直标法　就是将数值直接打印在电阻器上

电阻单位

千兆欧(10^9欧姆)—GΩ(G)

RJ 0.5W 2.2k 5%　　3.3k

兆欧(10^6欧姆)—MΩ(M)

文字符号法　将文字、数字有规律地组合起来表示电阻器的阻值

千欧(10^3欧姆)—kΩ(k)

3k3　　103

3.3千欧姆　　1千欧姆

欧姆—Ω

色标法　用不同颜色的色环表示电阻器的阻值误差。

电阻器上有四道或五道色环,第五道色环表示误差,如没有第五环其误差为±20%。

棕 黑
绿 黑 棕

5 1 0 0 1

5.1k误差1%

红 黑 棕
红 黑

2 2 0 0 1

2.2k误差1%

图 7-4　标称阻值的标注方法

表 7-1　色环的含义

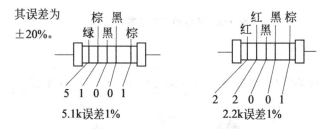

色环颜色	第一色环 第一位数	第二色环 第二位数	第三色环 第三位数	第四色环 0的个数	第五色环 误差
黑	0	0		$\times 10^0$	
棕	1	1		$\times 10^1$	±1%
红	2	2		$\times 10^2$	±2%
橙	3	3		$\times 10^3$	±3%
黄	4	4		$\times 10^4$	
蓝	6	6		$\times 10^6$	
紫	7	7		$\times 10^7$	
灰	8	8		$\times 10^8$	
白	9	9		$\times 10^9$	
金				$\times 10^{-1}$	±5%
银				$\times 10^{-2}$	±10%
无色					±20%

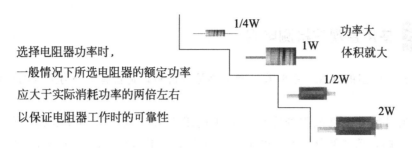

选择电阻器功率时，
一般情况下所选电阻器的额定功率
应大于实际消耗功率的两倍左右
以保证电阻器工作时的可靠性

图 7-5　选择电阻的功率提示

（2）选择电阻的误差　一般电子电路中，对电阻的误差没有特殊要求，电阻误差在1％就可以满足要求。选择电阻的误差时，可参照图 7-6 中的提示。

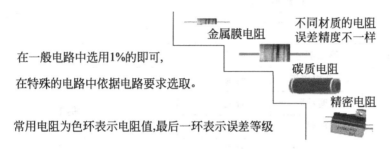

在一般电路中选用1%的即可，
在特殊的电路中依据电路要求选取。

常用电阻为色环表示电阻值,最后一环表示误差等级

图 7-6　选择电阻的误差提示

（3）选择电阻的工作电压　在电路中电阻所能承受的电压值，可通过下式计算：

$$U^2 = RP$$

式中，P 为电阻的额定功率，W；R 为电阻的阻值，Ω；U 为电阻的极限工作电压，V。

电阻在电路中可以串联、并联和混联，如图 7-7 所示。各种不同的连接，主要是为了控制各支路的电流和分配电压。

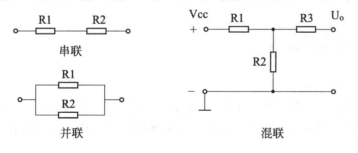

图 7-7　电阻的几种连接方式

7.1.5　检测电阻

检查电阻主要从外观质量和数值检测两方面进行。外观质量主要通过直观检查法进行判断；一般数值检测要使用万用表进行测量判断。

7.1.6 使用直观法检测电阻

（1）检查电阻的外观　主要看一看引脚是否折断，是否有由外力造成的损伤或明显的划痕等。

（2）通过型号识别电阻的类型　常用电阻型号一般有四部分组成。第一部分用"R"表示电阻，第二部分用大写的英文字母表示电阻的材料，第三部分为数字或字母表示电阻的类型，第四部分为数字，表示序号。电阻型号的含义如表7-2所示。

表 7-2　电阻型号的含义

电阻型号含义				实例
第一部分	第二部分	第三部分	第四部分	
R	H　合成碳膜	1　普通	序号	例1 型号：RT11 含义： 普通碳膜电阻 例2 型号：RJ71 含义： 精密金属膜电阻
	I　玻璃釉膜	2　普通		
	J　金属膜	3　超高频		
	N　无机实芯	4　高阻		
	G　沉积膜	5　高温		
	S　有机实芯	7　精密		
	T　碳膜	8　高压		
	X　线绕	9　特殊		
	Y　氧化膜	G　高功率		
	F　复合膜	T　可调		

7.1.7 检测电阻参数

使用万用表检测电阻时要注意：

测量电阻值时，一定要选择合适的挡位，选择挡位后，还要进行电气调零。

在线测量时，不能带电测量。若要准确测量阻值时，必须将被测电阻从线路中断开，再测量。

无论在线测量，还是非在线测量，测量电阻值时，双手都不能同时接触被测电阻的两端引线。

测量其他类型的电阻时，要根据其特点，或需要搭接一些测量电路才能进行。

在测量电阻时，无论选用万用表的哪一个挡位，如果电阻值始终为零，则说明电阻已短路了。同样，如果电阻值始终是无穷大，说明电阻已经断路。

测量电阻时，一定要选择万用表合适的挡位，否则，所测量电阻值的误差就会很大。使用万用表测量电阻值的具体方法如图 7-8 所示。

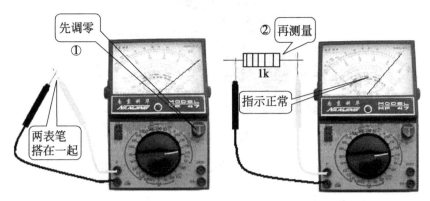

(a) 使用指针式万用表测量电阻值

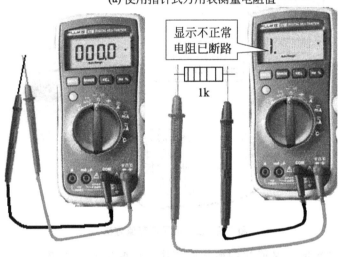

(b) 使用数字式万用表测量电阻值

图 7-8　检测电阻的方法示意

使用指针式万用表测量时，必须先调零，而且每换一个挡位，都要调零。先从最高挡位选用，进行测量。

7.1.8　在线检测电阻

在线测量电阻值，必须断电后才可测量。如果需要准确测量电阻值，就必须将电阻从电路中断开一端。如果只是大概判断一下电阻的阻值，就没有必要将其从电路中断开。预估所测量电阻的阻值，选择万用表合适的电阻挡，两表笔相搭校零后，再测量。检测方法如图 7-9 所示。

7.1.9　其他类型电阻的检测

（1）熔断电阻的检测　熔断电阻既具有电阻特性又具有熔断的功能。正常工作时就

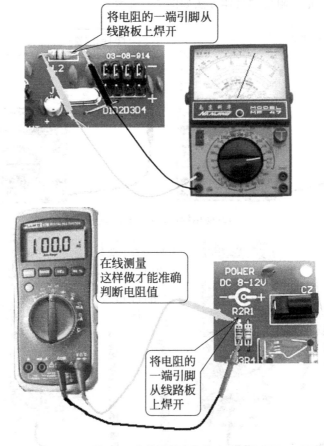

图 7-9　在线测量电阻值方法

是电阻，当发生故障时，又能起到熔断的作用。熔断电阻分可修复和不可修复两种类型。外形各异，有长方形、圆柱形等多种。熔断电阻外形及符号如图 7-10 所示。

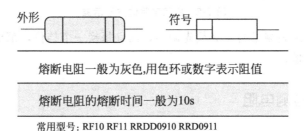

外形	符号

熔断电阻一般为灰色,用色环或数字表示阻值

熔断电阻的熔断时间一般为10s

常用型号: RF10 RF11 RRDD0910 RRD0911

图 7-10　熔断电阻外形及符号

　　在维修实践中，也有少数熔断电阻在电路中被击穿短路的现象，检测时也应予以注意。

　　① 直接判断法。在电路中，当熔断电阻熔断开路后，若发现熔断电阻表面发黑或烧焦，可断定是通过它的电流超过额定值很多倍所致；如果其表面无任何痕迹而开路，则表明流过的电流刚好等于或稍大于其额定熔断值。

　　② 万用表检测法。对于表面无任何痕迹的熔断电阻好坏的判断，可使用万用表来

判断。具体方法如图 7-11 所示。

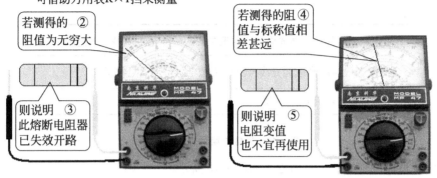

图 7-11 万用表检测熔断电阻的方法

（2）压敏电阻的检测　压敏电阻的外形及电路符号如图 7-12 所示。

外形　　　　　　　符号

压敏电阻简称VSR,是一种非线性电阻元件,它的阻值与两端施加的

电压值大小有关,当两端电压大于一定的值时,压敏电阻器的阻值急剧

减小,当压敏电阻两端的电压恢复正常时,压敏电阻的阻值也恢复正常。

图 7-12 压敏电阻的外形及电路符号

使用万用表检测压敏电阻的方法如图 7-13 所示。压敏器件若选用不当、器件老化，或遇到异常高压脉冲时也会失效乃至损坏。

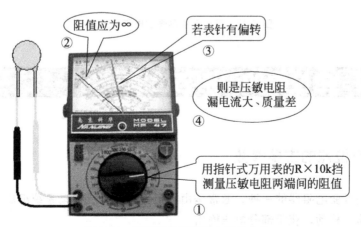

图 7-13 万用表检测压敏电阻的方法

（3）光敏电阻的检测　光敏电阻的外形及符号如图 7-14 所示。

外形	符号

光敏电阻是应用半导体光电效应原理制成的一种元件,其特点是光敏

电阻对光线非常敏感,无光线照射时,光敏电阻呈现高阻状态,

当有光线照射时,电阻迅速减小。

图 7-14　光敏电阻的外形及符号

使用万用表检测光敏电阻的方法如图 7-15 所示。

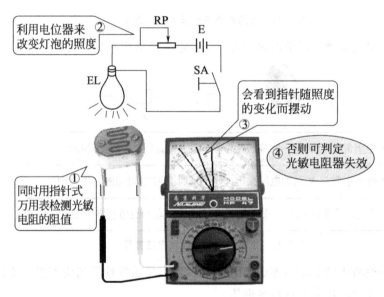

图 7-15　万用表检测光敏电阻的方法

7.2　电位器的识别与检测

7.2.1　电位器的主要参数

　　电位器是可变电阻器的一种。通常是由电阻体与转动或滑动系统组成,即靠一个动触点在电阻体上移动,获得部分电压输出。

　　电位器的作用——调节电压(含直流电压与信号电压)和电流的大小。

　　电位器的结构特点——电位器的电阻体有两个固定端,通过手动调节转轴或滑柄,改变动触点在电阻体上的位置，则改变了动触点与任一个固定端之间的电阻值，从而改变了电压与电流的大小。

电位器的阻值可以在某一个范围内变化。电位器主要用于改变和调节电路中的电压和电流。电位器按结构的不同可分为单圈、多圈电位器，单联、双联电位器，带开关电位器，锁紧和非锁紧型电位器。图7-16是几种常用电位器的外形及符号。

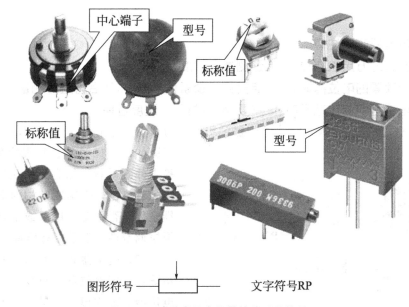

图 7-16　几种常用电位器的外形及符号

按调节方式又可分为旋转式电位器、直滑式电位器。其中旋转式电位器的轴在电阻体上作旋转运动，单圈式、多圈式电位器就属这种。

电位器的主要参数有：标称值、阻值变化特性、额定功率。

（1）标称值　通常用数字直接标注在电位器的外壳之上（图7-17），标称电阻值是指电位器的最大阻值。

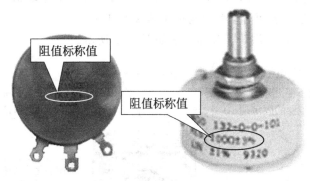

图 7-17　电位器的阻值标称值标示

（2）阻值变换特性　它是指阻值与轴旋转角度或滑杆滑动距离之间的关系。一般使用的电位器有直线式、指数式和对数式。直线式电位器就是阻值大小与轴旋转角度或滑杆滑动距离呈线性关系。

（3）额定功率　是指电位器在长期连续负荷下所允许承受的最大功率。额定功率通常标注在电位器的外壳上。

7.2.2　电位器的检测

👆 **注意**

检测电位器时要注意的事项：

选择合适的万用表挡位，保证测量的精度。

测量带锁紧的电位器时，一定要先将锁紧件松开，然后再进行测量。

测量电位器的变化范围时，不要用力过猛、速度过快。

（1）电位器直观检测方法　电位器的引线脚分别为 A、B、C，开关引线脚为 K。引脚如图 7-18 所示。直观检查主要是检查外观质量，如有无明显损坏，引脚是否氧化，带锁紧结构的电位器的锁紧件是否正常，用手或工具轻旋或推拉调节件，看是否有异常。

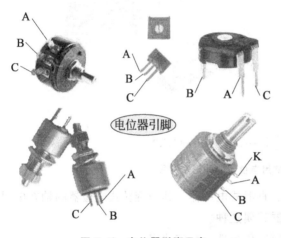

图 7-18　电位器引脚示意

（2）电位器数值检测　共分三个步骤：确定电位器的可变端子、测量电位器的标称值、测量电位器的变化范围。

首先用万用表测电位器的标称值。根据标称阻值的大小，选择合适的挡位，测 A、C 两端的阻值是否与标称值相符。如阻值为∞大，表明电阻体与其相连的引线脚断开了。然后再测 A、B 两端或 B、C 两端的电阻值，并慢慢地旋转转轴。这时表针应平稳地朝一个方向移动，不应有跌落和跳跃现象，表明滑动触点与电阻体接触良好。

① 确定电位器的可变端子。具体方法如图 7-19 所示。

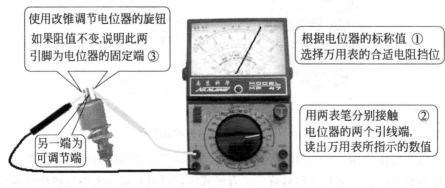

使用改锥调节电位器的旋钮如果阻值不变,说明此两引脚为电位器的固定端 ③

另一端为可调节端

根据电位器的标称值 ① 选择万用表的合适电阻挡位

用两表笔分别接触 ② 电位器的两个引线端，读出万用表所指示的数值

图 7-19　确定电位器的可变端子

② 测量电位器的标称值。确定了电位器固定端和公共端以后，再测量电位器的电阻标称值。具体方法如图 7-20 所示。

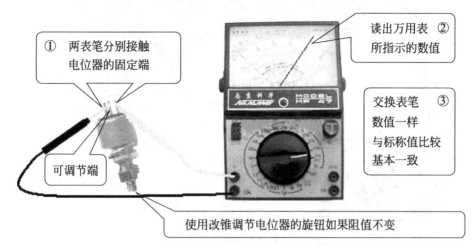

① 两表笔分别接触电位器的固定端

可调节端

读出万用表 ② 所指示的数值

交换表笔 ③ 数值一样 与标称值比较 基本一致

使用改锥调节电位器的旋钮如果阻值不变

图 7-20　测量电位器的标称值

③ 测量电位器的变化范围　具体方法如图 7-21 所示。

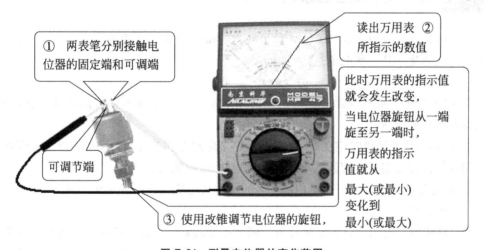

① 两表笔分别接触电位器的固定端和可调端

可调节端

③ 使用改锥调节电位器的旋钮，

读出万用表 ② 所指示的数值

此时万用表的指示值就会发生改变，当电位器旋钮从一端旋至另一端时，万用表的指示值就从最大(或最小)变化到最小(或最大)

图 7-21　测量电位器的变化范围

使用指针式万用表测量电位器的变化范围时，一定要缓慢地旋转电位器，用力过猛、速度过快，就不能正确判断电位器的阻尼性和平滑性。

对于非直线式电位器，当均匀旋转时，万用表的指示值，不是均匀变化的。

对于带开关的电位器，首先判断出开关的两个引线端，再用同样的方法检测电位器。

7.2.3　在线检测电位器

电位器被接在电路中，在电路中的作用是可变分压。在线检测时，如果不脱离电路，只能大概判断电位器的好坏，而不能准确判断。在线检测电位器的方法如图 7-22 所示。

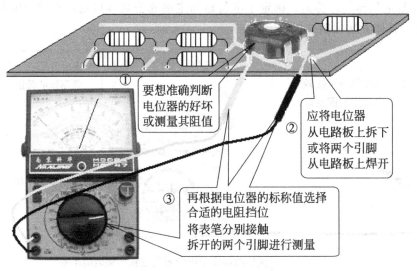

要想准确判断电位器的好坏或测量其阻值

应将电位器从电路板上拆下或将两个引脚从电路板上焊开

再根据电位器的标称值选择合适的电阻挡位将表笔分别接触拆开的两个引脚进行测量

图 7-22　在线检测电位器的方法

7.2.4　使用电位器注意事项

（1）电位器应避免接触：氨水，其他胺类，碱水溶液，芳香族烃类化合物，酮类，脂肪烃，强烈化学品（酸碱值过高）等。

（2）焊接时：

① 应避免使用水溶性助焊剂，避免使用劣质焊剂，焊锡不良可能造成上锡困难，导致接触不良或者断路。

② 插脚式端子焊接时应在 3s 内完成，焊接应离电位器本体 1.5mm 以上，焊接时勿使用焊锡流穿线路板；焊线式端子焊接时应在 3s 内完成。

③ 应避免助焊剂侵入电位器内部，否则将造成电刷与电阻体接触不良。

（3）安装时：

①"旋转型"电位器在固定螺母时，强度不宜过紧，以避免破坏螺牙或不能转动。

② 安装"铁壳直滑式"电位器时，避免使用过长螺钉，否则有可能妨碍滑柄的运动，甚至直接损坏电位器本身。

③ 在电位器套上旋钮时，所用推力不能过大，否则将可能造成对电位器的损坏。

7.3　电容器的识别与检测

7.3.1　电容型号含义和种类

（1）国产电容型号含义　国产电容型号一般由四部分组成，各部分含义如下：

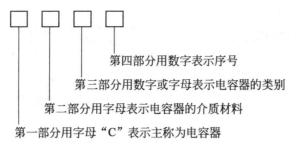

第四部分用数字表示序号

第三部分用数字或字母表示电容器的类别

第二部分用字母表示电容器的介质材料

第一部分用字母"C"表示主称为电容器

（2）电容器的种类

① 电容器的作用 电容器（简称电容）是电子设备中不可缺少的基本元件。电容是由两个金属极板，中间夹有绝缘材料（绝缘介质）构成的。电容器具有"隔直通交"的特点，即在电路中隔断直流电，通过交流电的特点。因此，电容器常被用于级间耦合、滤波、去耦、旁路及信号调谐（选择电台）等方面。

② 电容器的分类 按结构可分为：可变电容、固定电容和半可变电容；按引线形式分为：垂直引线形式、轴向引线形式和无引线（贴片式）形式的电容；按介质材料的不同可分为：气体介质、液体介质和无机固体介质电容。图 7-23 是几种常用类型的电容。

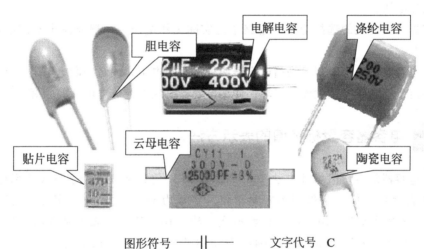

图形符号 ——|⊢—— 文字代号 C

图 7-23 几种常用类型的电容

7.3.2 电容器的主要参数

电容的主要参数如图 7-24 所示。主要有标称容量、误差、额定直流工作电压和绝缘电阻。

（1）电容器的电容量 是指电容器加上电压后它能贮存电荷的能力。标称容量就是标在电容器外壳上的电容容量值。电容量的单位有：法拉（F）、微法（μF）、微微法（pF），它们之间的换算关系是：$1F=10^6\mu F=10^{12}pF$

（2）电容器的容量误差 就是电容器的标称值与实际值之差除以标称值所得百分

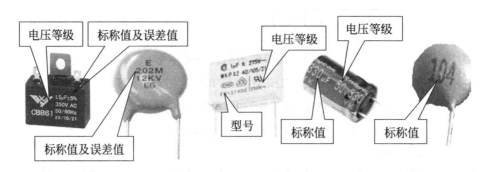

图 7-24   电容的主要参数

数。电容的误差等级分为三级。

容量误差的选择。对于振荡、延时电路，电容器容量误差应尽可能小，选择误差值应小于 5%。对用于低频耦合电路的电容器其误差可以大些，一般选 10%～20% 就能满足要求。

（3）额定直流工作电压   是表示电容器接入电路后，能长期连续可靠地工作，不被击穿时所能承受的最大直流电压。如果电容器用于交流电路中，其最大值不能超过额定的直流工作电压。

电容器工作电压的选择应高于电路中的实际工作电压，一般要高出额定电压值的 10%～20%。

（4）电容器的绝缘电阻   是指电容器两极之间的电阻，或者叫漏电电阻。绝缘电阻的大小决定于电容器介质性能的好坏。使用电容器时应选绝缘电阻大的为好。

7.3.3   电容器容量标称值的表示方法

（1）电容器的容量值标注方法一   一般用 2～4 位数字和一个字母表示标称容量，其中数字表示容量值，字母表示容量单位。字母为 m、μ、n、p。字母 m 表示毫法（10^{-3}F）、μ 表示微法（10^{-6}F）、n 表示毫微法（10^{-9}F）、p 表示微微法（10^{-12}F）。如 33m 表示 33000μF；47n 表示 0.047μF；3μ3 表示 3.3μF；5n9 表示 5900pF；2p2 表示 2.2pF。图 7-25 是该方法的实例。

图 7-25   电容器的容量值标注方法一

（2）电容器的容量值标注方法二   这种方法是用 1～4 位数字表示，容量单位为 pF。如用零点零几或零点几表示，其单位为 μF。电容器的容量值标注方法二如图 7-26 所示。

（3）电容器的容量值标注方法三（数码表示法）   一般用三位数表示容量的大小。前面两位数字为电容器标称容量的有效数字，第三位数字表示有效数字后面零的个数，它们的单位是 pF。电容器的容量值标注方法三如图 7-27 所示。

3300表示3300pF、680表示680pF、0.056表示0.056μF

图 7-26　电容器的容量值标注方法二

102表示1000pF　221表示220pF　224表示22×10⁴pF 229表示22×10⁻¹pF

在这种表示方法中有一个特殊情况就是当第三位数字用"9"
表示时是用有效数字乘上10⁻¹来表示容量

图 7-27　电容器的容量值标注方法三

（4）电容量的色码表示法　色码表示法是用不同的颜色表示不同的数字，如图 7-28 所示。

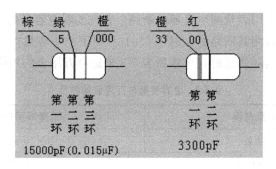

图 7-28　电容量的色码表示法

具体的方法是：沿着电容器引线方向，第一、二种色环代表电容量的有效数字，第三种色环表示有效数字后面零的个数，其单位为 pF。每种颜色所代表的数字见表 7-3 所示。

表 7-3　色码表示的意义

颜　色	黑	棕	红	橙	黄	绿	蓝	紫	灰	白
数字	0	1	2	3	4	5	6	7	8	9

如遇到电容器色环的宽度为两个或三个色环的宽度时，就表示这种颜色的两个或三个相同的数字。如沿着引线方向，第一道色环的颜色为棕，第二道色环的颜色为绿，第三道色环的颜色为橙，则这个电容器的容量为 15000pF 即 0.015μF。又如第一宽色环为橙色，第二色环为红色，则该电容器的容量为 3300pF。

（5）电容量的误差表示法　电容量误差的表示方法有两种如图 7-29 所示。

电容的误差表示法

如电容器上标有334k则表示
0.33μF,误差为±10%。
如电容上标有103P表示这个
电容器的容量为0.01～0.02μF,
不能误认为103pF。

图 7-29　电容量误差的表示方法

一种是将电容量的绝对误差范围直接标注在电容器上，即直接表示法。如 2.2±0.2pF。另一种方法是直接将字母标注在电容器上，用字母表示百分比误差。字母的含义如表 7-4 所示。

表 7-4　字母表示的百分比误差

字母	D	F	G	J	K	M	N	P	S	Z
误差	±0.5%	±1%	±2%	±5%	±10%	±20%	±30%	$^{+100}_{0}$ %	$^{+50}_{-20}$ %	$^{+80}_{-20}$ %

如电容器上标有 334K 则表示 0.33μF，误差为 ±10%。又如电容上标有 103p 表示这个电容器的容量为 0.01～0.02μF，不能误认为 103pF。

7.3.4　电容器的检测

（1）使用指针式万用表检测电容器的断路　首先要看电容量的大小，并不是所有的电容都能使用万用表检测其断路的。对于 0.01μF 以下的小容量电容器，用万用表不能判断其是否断路。在实际测量时，可参照表 7-5 来选择万用表的挡位。

表 7-5　电容容量与万用表的挡位

电容的容量范围	选择万用表的挡位
300μF 以上	R×10 或 R×1k
10～300μF	R×100
0.47～10μF	R×1
0.01～0.47μF	R×10k

具体的测量方法是：用万用表的两表笔分别接触电容器的两根引线（测量时，手不能同时碰触两根引线）。如表针不动，将表笔对调后再测量，表针仍不动，说明电容器断路。测量电容断路的步骤如图 7-30 所示。

如果使用具有测量电容功能的数字万用表测量电容是否断路，可选择测量电容功能的适当挡位，直接判断。

（2）使用数字式万用表测量电容器的容量　使用数字万用表检测非电解电容。数字万用表一般具有电容检测挡位，使用此挡位很容易检测电容的好坏和电容的容量值。测量电容容量的步骤如图 7-31 所示。

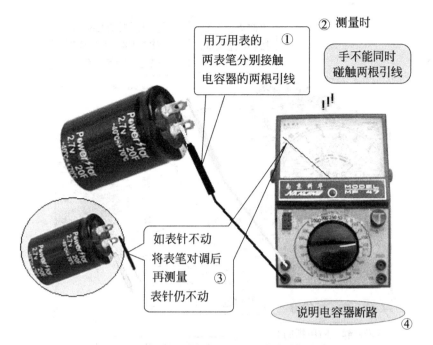

② 测量时

用万用表的 ①
两表笔分别接触
电容器的两根引线

手不能同时
碰触两根引线

如表针不动
将表笔对调后
再测量 ③
表针仍不动

说明电容器断路 ④

图 7-30 测量电容断路的步骤

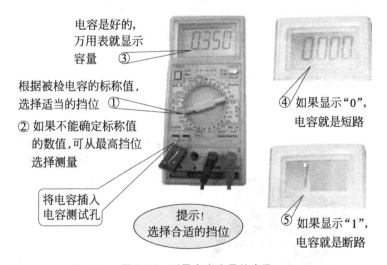

电容是好的，
万用表就显示
容量 ③

根据被检电容的标称值，
选择适当的挡位 ①

② 如果不能确定标称值
的数值，可从最高挡位
选择测量

将电容插入
电容测试孔

提示!
选择合适的挡位

④ 如果显示"0"，
电容就是短路

⑤ 如果显示"1"，
电容就是断路

图 7-31 测量电容容量的步骤

（3）检测电容器的绝缘电阻 电容器两极之间的电阻叫绝缘电阻，或者叫漏电电阻。绝缘电阻的大小决定于电容器性能的好坏。使用电容器时应选绝缘电阻大的。在测量中如表针距无穷大较远，表明电容器漏电严重，不能使用。有的电容器在测漏电电阻时，表针退回到无穷大位置时，又顺时针摆动，这表明电容器漏电更严重。测量电解电容器时，指针式万用表的红表笔接电容器的负极，黑表笔接电容器的正极，否则漏电加大。测量电容绝缘电阻的步骤如图 7-32 所示。

（4）检测电容器的短路 当测量电解电容器时，要根据电容器容量的大小，选择适当量程，电容量越大，量程越要放小，否则就会把电容器的充电误认为是击穿。测量电

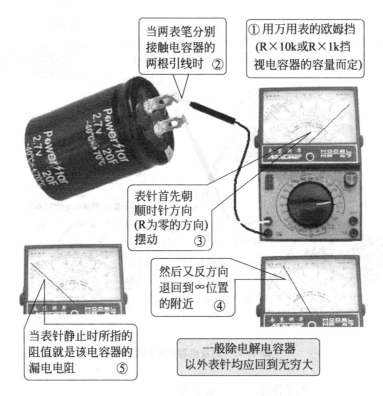

当两表笔分别接触电容器的两根引线时 ②

① 用万用表的欧姆挡 (R×10k或R×1k挡视电容器的容量而定)

表针首先朝顺时针方向 (R为零的方向) 摆动 ③

然后又反方向退回到∞位置的附近 ④

当表针静止时所指的阻值就是该电容器的漏电电阻 ⑤

一般除电解电容器以外表针均应回到无穷大

图 7-32　测量电容的绝缘电阻的步骤

容短路的步骤如图 7-33 所示。

电解电容器极性判断的步骤如图 7-34 所示。

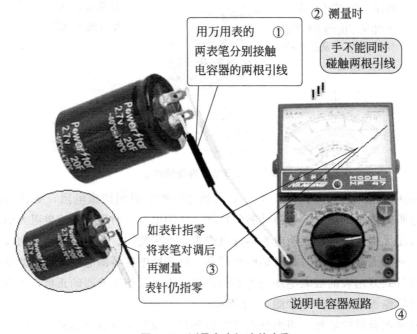

② 测量时

用万用表的两表笔分别接触电容器的两根引线 ①

手不能同时碰触两根引线

如表针指零将表笔对调后再测量 ③ 表针仍指零

说明电容器短路 ④

图 7-33　测量电容短路的步骤

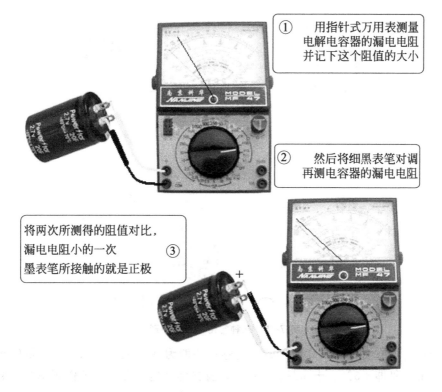

① 用指针式万用表测量电解电容器的漏电电阻并记下这个阻值的大小

② 然后将细黑表笔对调再测电容器的漏电电阻

③ 将两次所测得的阻值对比，漏电电阻小的一次墨表笔所接触的就是正极

图 7-34　电解电容器极性判断的步骤

7.4　电感器的识别与检测

7.4.1　电感器的种类

（1）电感器的种类　电感器的种类很多，而且分类方法也不一样。通常按电感器的形式分，有固定电感器、可变电感器、微调电感器。按磁体的性质分，有空芯线圈、铜芯线圈、铁芯线圈和铁氧体线圈。按结构特点分有单层线圈、多层线圈、蜂房线圈。为适应各种用途的需要，电感线圈做成了各式各样的形状。图 7-35 是几种常用电感的外形。

（2）电感器的特点和用途　各种电感线圈都具有不同的特点和用途。但它们都是用漆包线、纱包线、镀银裸铜线，绕在绝缘骨架上或铁芯上构成，而且每圈与每圈之间要彼此绝缘。

（3）固定电感线圈（色码电感）电感量的标识　固定电感线圈是将铜线绕在磁芯上，然后再用环氧树脂或塑料封装起来。这种电感线圈的特点是体积小、重量轻、结构牢固、使用方便。在电视机、收录机中得到广泛的应用。固定电感线圈的电感量可用数字直接标在外壳上，也可用色环表示。但目前我国生产的固定电感器一般不再采用色环标志法，而是直接将电感数值标出。这种电感器习惯上仍称为色码电感。

图形符号 ————⌒⌒⌒———— 文字代号 L

图 7-35　几种常用电感的外形

固定电感器有立式和卧式两种。其电感量一般为 $0.1 \sim 3000 \mu H$。电感量的允许误差用 Ⅰ、Ⅱ、Ⅲ 即 $\pm 5\%$、$\pm 10\%$、$\pm 20\%$，直接标在电感器上。工作频率为 $10kHz \sim 200MHz$ 之间。

7.4.2　电感的主要参数

（1）电感量　电感量的大小跟线圈的圈数，导线的直径，线圈内部是否有铁芯，线圈的绕制方式都有直接关系。圈数越多，电感量越大，线圈内有铁芯、磁芯的，比无铁芯、磁芯的电感量大。电感量的单位有亨利，简称亨，用 H 表示；毫亨用 mH 表示；微亨用 μH 表示；它们的换算关系为：$1H = 10^3 mH = 10^6 \mu H$

（2）品质因数（Q 值）　品质因数是电感线圈的一个主要参数，它反映了线圈质量的高低。通常也称为 Q 值。Q 值与构成线圈的导线粗细、绕法、单股线还是多股线有关。如果线圈的损耗小，Q 值就高。反之，损耗大则 Q 值就低。

（3）分布电容　由于线圈每两圈（或每两层）导线可以看成是电容器的两块金属片，导线之间的绝缘材料相当于绝缘介质，这相当于一个很小的电容，这一电容称为线圈的"分布电容"。由于分布电容的存在，将使线圈的 Q 值下降，为此将线圈绕成蜂房式。对天线线圈则采用间绕法，以减小分布电容。

7.4.3　电感器件的检测

电感器件绕组的通断、绝缘等状况可用万用表的电阻挡进行检测。使用指针式万用表只能大致判断其电感量和好坏。使用数字表测量电感量时，一定要选择合适的量程，否则测量结果将与实际的电感量有很大误差。

（1）在线检测——粗略、快速测量线圈是否断路　具体方法如图 7-36 所示。

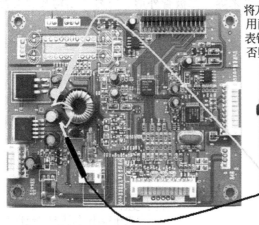

将万用表置R×1挡或R×10Ω挡
用两表笔接触线圈的两端，
表针应指示导通，
否则线圈断路

图 7-36　粗略、快速测量线圈是否断路的方法

（2）非在线检测　将电感器件从线路板上焊开一脚，或直接取下测线圈两端的阻值，如线圈所用导线较细或匝数较多，指针应有较明显的摆动。

使用指针式万用表和数字式万用表都能测量电感。具有电感测量功能的数字万用表更方便检测电感的电感量和好坏，具体检测方法如图 7-37。

把万用表转到R×1Ω挡并准确调零
测线圈两端的阻值一般为几欧姆至
十几欧姆之间

如阻值明显偏小
可判断线圈匝间短路

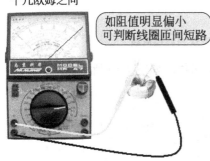
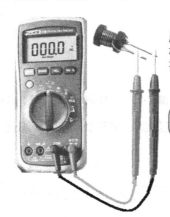

用数字万用表的欧姆挡
检测电阻值为欧姆级
甚至小于1Ω的电感

如阻值明显偏小
可判断线圈匝间短路

图 7-37　使用万用表测量电感

7.5　二极管的识别与检测

7.5.1　二极管的类型

晶体二极管内部有一个 PN 结，外部有两个引脚，具有单向导电性。这个特性用

V-A（伏安）特性曲线来表示。所谓的伏安特性就是指加在二极管两端的电压与流过二极管电流之间的关系。利用晶体二极管的单向导电特性，可把交流电变成脉动直流电，把所需的音频信号从高频信号中取出来等。二极管外形、符号、结构及伏安特性曲线如图 7-38 所示。

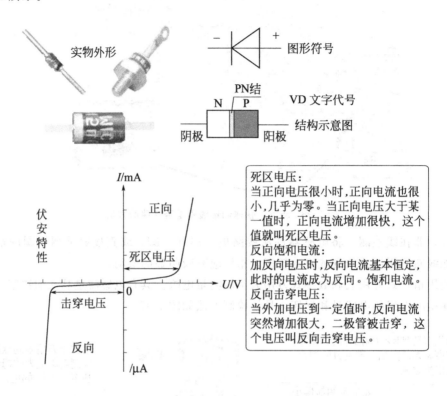

死区电压：
当正向电压很小时,正向电流也很小,几乎为零。当正向电压大于某一值时，正向电流增加很快，这个值就叫死区电压。
反向饱和电流：
加反向电压时,反向电流基本恒定,此时的电流成为反向。饱和电流。
反向击穿电压：
当外加电压到一定值时,反向电流突然增加很大，二极管被击穿，这个电压叫反向击穿电压。

图 7-38　二极管外形、符号、结构及伏安特性曲线

按其结构分为点接触型、面接触型和平面接触型三种。如图 7-39 所示。

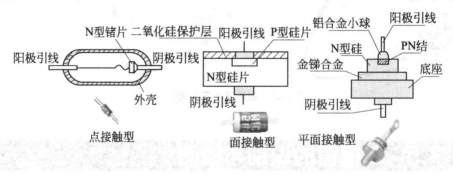

图 7-39　二极管结构的型式

7.5.2　整流二极管主要参数

（1）二极管的主要参数　整流二极管的主要参数有最大整流电流、最高反向工作电压、反向电流、正向压降、最高工作频率。表 7-6 是普通二极管的参数。

表 7-6 普通二极管的参数

类型	最大反向峰值电压	最大半波整流电流		最大正向峰值浪涌电流	最大反向电流	最大正向电压 $T= 25℃$		外形
	PRV/V	I_O/A	TA/℃	I_{FSM}/A	I_R/μA	I_{FM}/A	V_{FM}/V	
1N4001	50	1	75	30	5	1	1	DO-41
1N4002	100	1	75	30	5	1	1	DO-41
1N4003	200	1	75	30	5	1	1	DO-41
1N4004	400	1	75	30	5	1	1	DO-41
1N4005	600	1	75	30	5	1	1	DO-41
1N4006	800	1	75	30	5	1	1	DO-41
1N4007	1000	1	75	30	5	1	1	DO-41

① 最大整流电流。晶体二极管在正常连续工作时，能通过的最大正向电流值。使用时电路的最大电流不能超过此值，否则二极管就会发热而烧毁。

② 最高反向工作电压。二极管正常工作时所能承受的最高反向电压值。它是击穿电压值的一半。使用时，外加反向电压不得超过此值，以保证二极管的安全。

③ 最大反向电流。这个参数是指在最高反向工作电压下允许流过的反向电流。这个电流的大小，反映了晶体二极管单向导电性能的好坏。如果这个反向电流值太大，就会使二极管过热而损坏。因此这个值越小，表明二极管的质量越好。

④ 正向压降。当正向电流流过二极管时，二极管两端会有正向压降。正向压降越小越好。

⑤ 最高工作频率。此参数直接给出了二极管工作的最大频率值。

(2) 国产半导体器件的命名方法　二极管的型号命名通常根据国家标准 GB 249—74 规定，由五部分组成。各部分的含义如下：

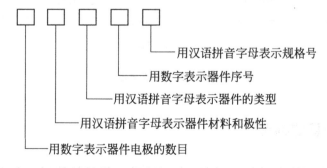

用汉语拼音字母表示规格号
用数字表示器件序号
用汉语拼音字母表示器件的类型
用汉语拼音字母表示器件材料和极性
用数字表示器件电极的数目

例如：2AP9 为 N 型锗材料普通二极管，2CW56 为 N 型硅材料稳压二极管；

2—二极管、A—N 型锗材料、P—普通型、9—序号；C—N 型硅材料、W—稳压管、56—序号。

(3) 二极管在电路中的作用　利用二极管的单向导电性，将交流电转换成直流电。

由二极管组成的单相半波整流电路和单相桥式整流电路，如图 7-40(b) 所示。

二极管导通后的管压降一般为 0.7V（理论值），可利用此特点，把电路中的某一点电位限定为一定的数值。图 7-40(c) 就是一种箝位电路。

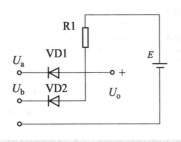

二极管就像一个开关，当加在两端的正向电压低于导通电压时，二极管就关断，相当于开关断开。

当加在两端的正向电压高于导通电压时，二极管就导通，相当于开关被接通。利用二极管的这个特性，组成了门电路。

(a) 门电路

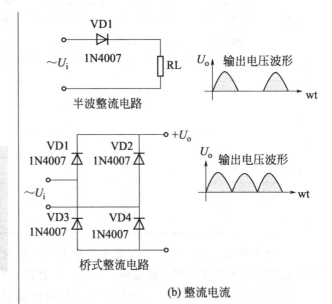

半波整流电路

桥式整流电路

(b) 整流电流

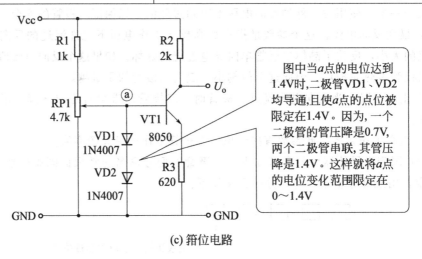

图中当 a 点的电位达到 1.4V 时，二极管 VD1、VD2 均导通，且使 a 点的点位被限定在 1.4V。因为，一个二极管的管压降是 0.7V，两个二极管串联，其管压降是 1.4V。这样就将 a 点的电位变化范围限定在 $0 \sim 1.4$V

(c) 箝位电路

图 7-40　二极管组成电路

7.5.3　二极管的检测

二极管正反向电阻的范围：正向电阻，小功率锗二极管正向电阻一般为 $100 \sim 1000\Omega$ 之间。硅二极管正向电阻一般为几百欧姆至几千欧姆之间。反向电阻，不论是锗管还是硅管，一般都在几千欧姆以上，而且硅管比锗管大。

（1）判断二极管的极性　使用指针式万用表 R×1k 挡，可判断其正负极。具体检测步骤如图 7-41 所示。

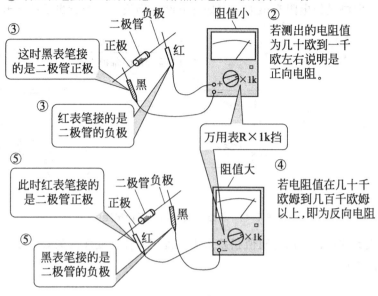

图 7-41 测量二极管极性示意图

（2）二极管好坏的检测 使用万用表测量二极管的正向电阻为几十欧姆到几百欧姆，反向电阻在 $200k\Omega$ 以上，可以认为此二极管是好的，如图 7-42 所示。由于硅二极管和锗二极管的正反向电阻差别较大，在实际测量时只要二极管正反向电阻差别较大（达到几百至上千倍），一般来说二极管都是正常的。

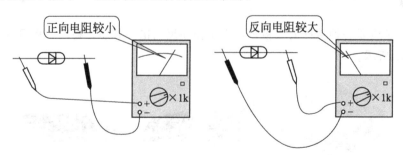

图 7-42 正常二极管的正反向电阻

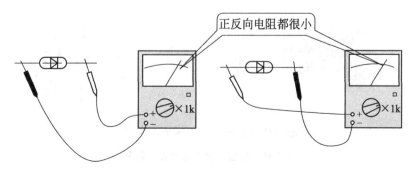

图 7-43 被击穿二极管的正反向电阻

如果正反向测量，电阻都很小，例如只有几十欧，则说明二极管已经损坏短路了，如图 7-43 所示。

如果正反向测量的电阻都很大，例如几兆欧，则说明二极管也已损坏开路了，如图 7-44 所示。

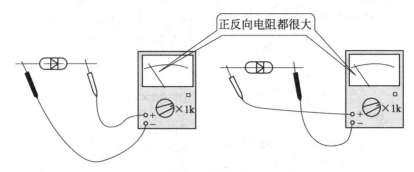

图 7-44　断路二极管的正反向电阻

如果二极管的正、反向电阻值相差太小，说明其性能变坏或失效。以上三种情况的二极管都不能使用。

 # 7.6　稳压二极管的识别与检测

7.6.1　稳压管的特点

稳压二极管是一种特殊的二极管，它工作在反向击穿状态。稳压二极管的外形和符号如图 7-45 所示。

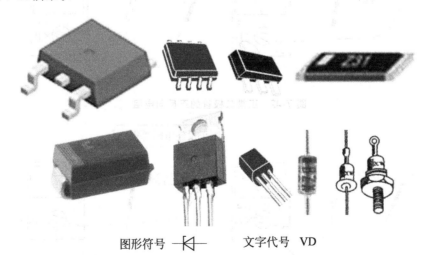

图形符号 ⎯◁⎯　　文字代号　VD

图 7-45　稳压二极管的外形、符号

稳压管有很多种，从封装上划分有玻璃壳、塑料壳和金属壳三种。按照功率划分有小功率稳压二极管和大功率稳压二极管。还可以分为单向击穿和双向击穿稳压二极管。图 7-46 是稳压管的伏安特性曲线。

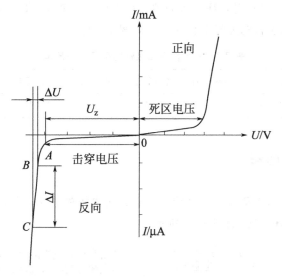

图 7-46   稳压管工作特性曲线

从图中可以看出，稳压二极管工作特性曲线在反向击穿区。在反向击穿处二极管电流急剧增加，反向电压相对稳定。也就是说，稳压二极管在反向击穿区时，电流在很大的范围内变化，而电压几乎保持不变。

稳压二极管一般用于电压调节器，当电路的电流或输入电压发生较小变化时，稳压二极管两端的电压几乎保持不变。由于硅管的热稳定性好，所以一般稳压二极管都用硅材料做成。

7.6.2   稳压管的主要参数

稳压管在一定的电流范围内，反向电压为常量，如图 7-46 所示。图中给出了几个不同的电流值。

（1）稳定电压 U_z 就是 PN 结的击穿电压，它随工作电流和温度的不同而略有变化。对于同一型号的稳压管来说，稳压值有一定的离散性。

（2）稳定电流 I_z 稳压管工作时的参考电流值。它通常有一定的范围，即 $I_{zmin} \sim I_{zmax}$。

（3）动态电阻 r_z 它是稳压管两端电压变化与电流变化的比值。这个数值随工作电流的不同而改变。通常工作电流越大，动态电阻越小，稳压性能越好。

（4）电压温度系数   它是用来说明稳定电压值受温度变化影响的系数。不同型号的稳压管有不同的稳定电压的温度系数，且有正负之分。稳压值低于 4V 的稳压管，稳定电压的温度系数为负值；稳压值高于 6V 的稳压管，其稳定电压的温度系数为正值；介于 4V 和 6V 之间的，可能为正，也可能为负。在要求高的场合，可以用两个温度系数相反的管子串联进行补偿。

（5）额定功耗 P_z 由芯片允许温升决定，其数值为稳定电压 V_z 和允许最大电流

I_{zm} 的乘积。但是最大工作电流受到额定功耗 P_z 的限制，超过 P_z 将会使稳压管损坏。

（6）IR——反向漏电流　指稳压二极管在规定的反向电压下产生的漏电流。例如 2CW58 稳压管的 VR＝1V 时，IR＝0.1μA；在 VR＝6V 时，IR＝10μA。

（7）常用稳压二极管的型号及稳压值　如表 7-7 所示。

表 7-7　常用稳压二极管的型号及稳压值

型号	1N4728	1N4729	1N4730	1N4732	1N4733	1N4734	1N4735	1N4744
稳压值	3.3V	3.6V	3.9V	4.7V	5.1V	5.6V	6.2V	15V

7.6.3　检测稳压管

（1）判断稳压管的正负极　判别稳压管正、负电极的方法，与判别普通二极管电极的方法基本相同。具体步骤如图 7-47 所示。

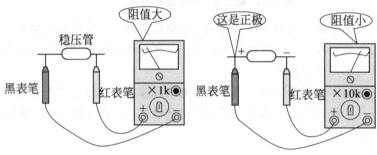

图 7-47　判断稳压管的正负极

（2）稳压管与普通二极管的鉴别。使用万用表鉴别稳压值低于 9V 稳压管的具体方法如图 7-48 所示。

常用稳压二极管的外形与普通小功率整流二极管的外形基本相似。可使用万用表电阻挡很准确地将稳压管与普通整流二极管区别开来。万用表 R×1k 挡的内部使用的电池电压为 1.5V，一般不会将被测管反向击穿，所以测出的反向电阻值比较大。而用 R×10k 挡测量时，万用表内部电池的电压一般都在 9V 以上，当被测管为稳压管，且稳压值低于电池电压值时，即被反向击穿，使测得的电阻值大为减小。但如果被测管是一般整流或检波二极管时，则无论用 R×1k 挡测量还是用 R×10k 挡测量，所得阻值将不会相差很悬殊。注意，当被测稳压管的稳压值高于万用表 R×10k 挡的电压值时，用这种方法是无法进行区分鉴别的。

（3）稳压管稳压值的检测　由于稳压管是工作于反向击穿状态下，所以，用万用表

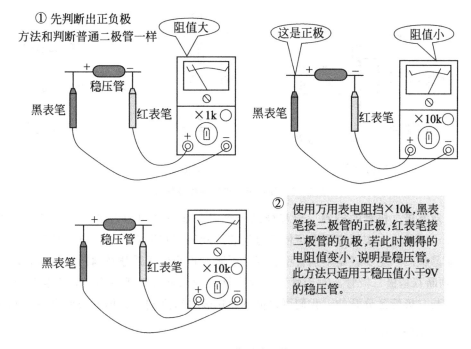

图 7-48　鉴别稳压管

可以测出其稳压值大小。稳压管稳压值的简易测试法如图 7-49 所示。此法只适用于稳压值为 12V 以下稳压管的测量，而且是粗略估测，并不十分准确。

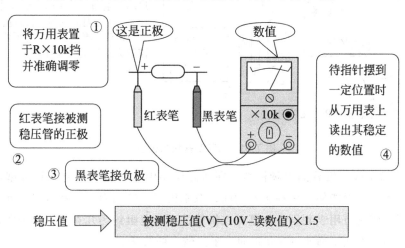

图 7-49　稳压管稳压值的简易测试法

7.6.4　双基极二极管

（1）双基极二极管的结构特点　双基极二极管也称为单结晶体管。它有三个电极，两个基极（第一基极 b1 和第二基极 b2）和一个发射极（e）。其符号和等效电路如图 7-50 所示。

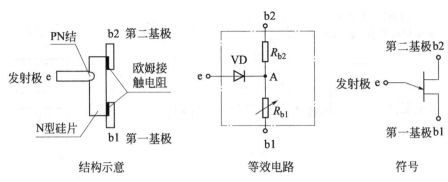

图 7-50 双基极二极管结构及符号

（2）双基极二极管的检测 双基极二极管两个基极之间的电阻（$R_{bb}=R_{b1}+R_{b2}$）值约为 $2\sim12k\Omega$。在实际应用中可使用万用表的欧姆挡判别出三个电极。对双基极二极管进行简易检测，主要就是鉴别管型、区分引脚、检测分压系数及判别其质量的好坏。

① 判断双基极二极管。对于管壳上没有标记的双基极二极管而言，仅凭其外部特征是不能与三极管区分开的。我们可以借助万用表进行判别，具体方法如图 7-51 所示。

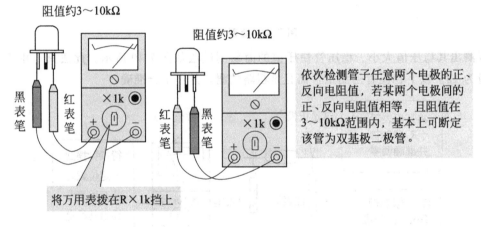

图 7-51 判断双基极二极管

② 判别双基极二极管的引脚极性。在实际应用中，我们不仅要识别管型，还要鉴别出引脚极性，以便能使其发挥正常功能。双基极二极管的引脚极性可以从外形封装上识别，还可以使用万用表判别。双基极二极管的正向电阻约为几百欧至几千欧，反向电阻均为∞。用此方法不适于 e-b 间正向电阻值较小的管子。

先判断发射极。选用万用表的 R×1 挡位，红黑表笔分别接触两个电极，若测得的阻值相等，却在 $3\sim10k\Omega$ 之间，此时，两个表笔所接的引脚是 b1 和 b2 极，另一个引脚就是 e 极。如图 7-52 所示。

再判断 b1 和 b2 极。因为 b1、b2 与 e 之间的电阻值是不同的，b1 与 e 之间的电阻值大于 b2 与 e 之间的电阻值。选用万用表的 R×1 挡位，红黑表笔分别接触两个电极，测得两个阻值。其中阻值较大一次的测量中红表笔所接引脚就是 b1 极，另一个引脚就是 b2 极。如图 7-53 所示。

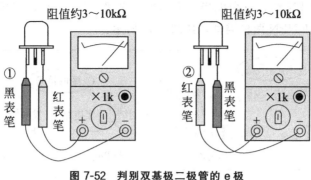

图 7-52　判别双基极二极管的 e 极

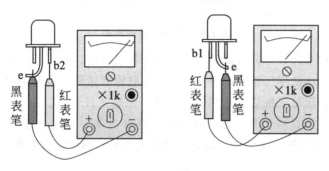

图 7-53　判别双基极二极管的 b1、b2 极

7.7　晶体三极管的识别与检测

7.7.1　三极管的分类

　　晶体三极管是一种半导体器件，具有放大作用和开关作用。它被广泛应用在生产实践和科学实验中。其常见结构有两种类型，平面型和合金型。有多种封装形式，其外形封装如图 7-54 所示。

图 7-54　三极管外形封装

三极管有两个 PN 结，三个电极（发射极、基极、集电极）。三极管按 PN 结的不同构成，有 PNP 和 NPN 两种类型，如图 7-55 所示。

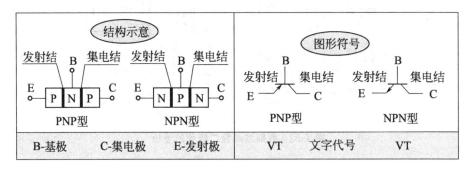

图 7-55 三极管结构示意

晶体三极管按工作频率分有高频三极管和低频三极管、开关管；按功率大小可分为大功率、中功率、小功率三极管。按照材料分为硅管和锗管。按照用途可分为普通三极管、带阻三极管、阻尼三极管、达林顿三极管、光敏三极管等。由于三极管的品种多，在每类当中又有若干具体型号，因此在使用时务必分清，不能疏忽，否则将损坏三极管。图 7-56 是常用三极管的封装，通过封装形式可粗略判断出三极管的功率大小。

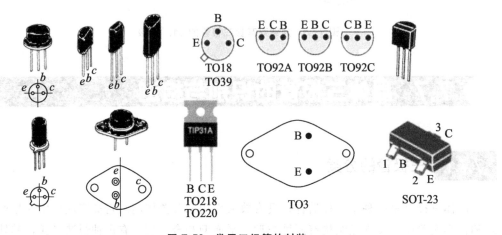

图 7-56 常用三极管的封装

7.7.2 三极管的主要参数

晶体三极体管的参数可分为直流参数、交流参数、极限参数三大类。

（1）直流参数

① 集电极-基极反向电流 I_{cbo}。当发射极开路，集电极与基极间加上规定的反向电压时，集电结中的漏电流越小说明晶体管的温度稳定性越好。

② 集电极-发射极反向电流 I_{ceo}，也称穿透电流。它是指基极开路，集电极与发射极之间加上规定的反向电压时，集电极的漏电流。如果此值过大，说明这个管子不宜使用。

③ 共发射极直流电流放大系数$\bar{\beta}$ $\bar{\beta} \approx I_C / I_B$

④ 共基极直流电流放大系数$\bar{\alpha}$ $\bar{\alpha} \approx I_C / I_E$

在分立元件电路中，一般选用$\bar{\beta}$在20～100（$\bar{\alpha}$在0.95～0.99）范围内的管子，$\bar{\beta}$太小，电流放大作用差，$\bar{\beta}$太大，受温度影响大，电路稳定性差。

（2）极限参数

① 集电极最大允许电流I_{cM}。当三极管的β值下降到最大值的一半时，管子的集电极电流就称为集电极最大允许电流。实际使用时I_c要小于I_{cM}。

② 集电极最大允许耗散功率P_{cM}。当晶体管工作时，由于集电极要耗散一定的功率而使集电结发热。当温升过高时就会导致参数变化，甚至烧毁晶体管。为此规定晶体管集电极温度升高到不至于将集电结烧毁所消耗的功率，就称为集电极最大耗散功率。在使用时为提高P_{cM}，可给大功率管加上散热片。

③ 集电极-发射极反向击穿电压BV_{ceo}。当基极开路时，集电极与发射极间允许加的最大电压。在实际使用时加到集电极与发射极之间的电压一定要小于BV_{ceo}。否则将损坏晶体三极管。

（3）交流参数　晶体管的交流电流放大系数。交流放大系数β也可用h_{FE}表示。这个参数是指在共发射极电路有信号输入时，集电极电流的变化量ΔI_c与基极电流变化量ΔI_b的比值：$\beta = \Delta I_c / \Delta I_b$

三极管电压与电流的关系示意如图7-57所示。

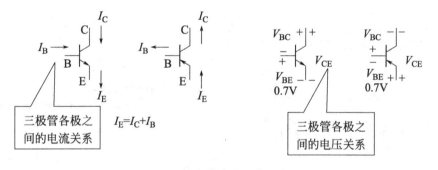

图7-57　三极管电流、电压关系

7.7.3　由三极管构成的典型基本电路

（1）三极管的三种工作状态——截止状态、饱和状态、放大状态。

① 截止状态。三极管处于关断状态时，称为工作在截止区。此时，基极-发射极反向偏置，基极-集电极反向偏置，理想状态下，三极管截止时，相当于开关断开。三极管截止时，有电流流过集电极-基极，此电流称为漏电流，其值随温度升高而增加。

② 饱和状态。三极管处于饱和状态时，此时，基极-发射极正向偏置，基极-集电极正向偏置，理想状态下，三极管饱和时，相当于开关闭合。

图7-58是三极管截止、饱和状态的示意及应用。

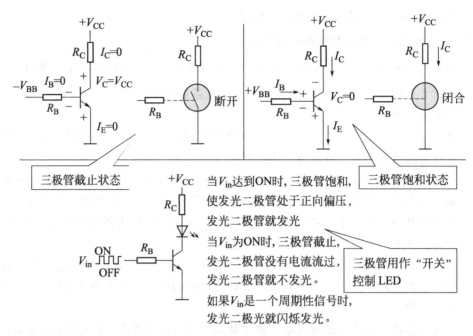

图 7-58　三极管截止、饱和状态的示意及应用

③ 放大状态。三极管工作在放大状态，其状态如图 7-59 所示。发射结处于正向偏置，集电结处于反向偏置。此时集电极电流 I_c 与基极电流 I_B 成正比关系。

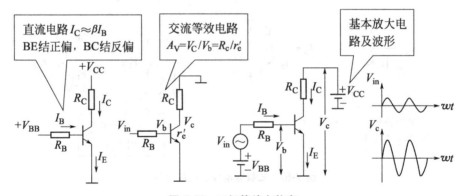

图 7-59　三极管放大状态

（2）三极管构成的三种基本电路　三种基本电路的区别在于三个电极中有一个是输入、输出的公共端。图 7-60 是 NPN 三极管的三种连接方式，分别构成了共基极、共发射极和共集电极电路。

7.7.4　三极管的检测

（1）由型号识别三极管　可通过三极管的型号识别三极管是硅管还是锗管，还可看出是高频管还是低频管。国产三极管型号的含义如图 7-61 所示。

（2）根据三极管的封装识别三极管引脚的极性　图 7-62 所示各种封装的三极管引

共集电极接法	共基极接法	共发射极接法
特点： 输入电阻在三种电路中最大，输出电阻最小。 电压放大倍数接近1而小于1。具有电压跟随性。 用途： 常用于放大电路的输入级，功率的输出级。	特点： 输入电阻小，放大倍数与共发射级电路差不多，频率特性好。 用途： 常用于宽频带放大电路。	特点： 电压、电流放大倍数大，输入、输出电阻适中。 用途： 常用在低频电压放大电路的输入级、中间级或输出级。

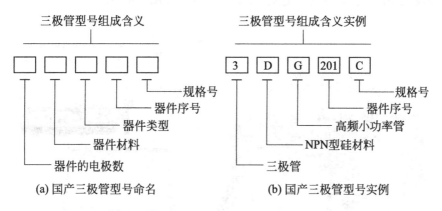

图 7-60　NPN 三极管的三种连接方式

(a) 国产三极管型号命名　　　　(b) 国产三极管型号实例

三极管型号组成含义
- 器件的电极数
- 器件材料
- 器件类型
- 器件序号
- 规格号

三极管型号组成含义实例
3 D G 201 C
- 三极管
- NPN型硅材料
- 高频小功率管
- 器件序号
- 规格号

图 7-61　国产三极管型号含义及实例

脚排列。不同封装三极管引脚的排列是不同的。记住这些特征，对我们辨识三极管引脚的极性非常有用。

对于大功率金属封装的三极管，其管壳就是集电极，对于大功率塑料封装的三极管，其中间引脚就是集电极。

在有些三极管的外壳上标有颜色的圆点，这种标识是表示三极管的放大倍数。其含义如表 7-8 所示。

表 7-8　三极管的外壳上色标含义

颜色	棕	红	橙	黄	绿	蓝	紫	灰	白	黑
β 值	0～15	15～25	25～40	40～55	55～80	80～120	120～180	180～270	270～400	≥400

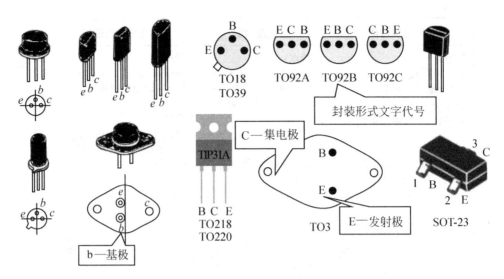

图 7-62　三极管引脚排列

（3）使用万用表判别三极管的类型

① 判别三极管是硅管还是锗管。根据硅管的正向压降比锗管正向压降大的特点来判断是硅管还是锗管。一般情况下锗管的正向压降为 0.2～0.3V，硅管的正向压降为 0.5～0.8V。

② 判断三极管是 NPN 型，还是 PNP 型。方法如图 7-63 所示。

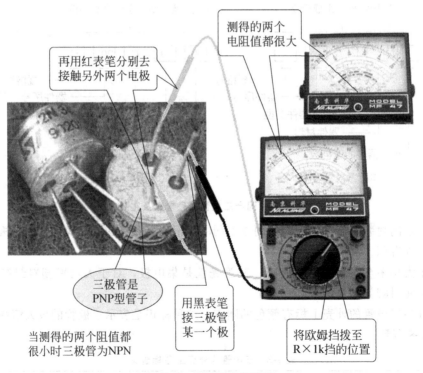

测得的两个
电阻值都很大

再用红表笔分别去
接触另外两个电极

三极管是
PNP 型管子

用黑表笔
接三极管
某一个极

将欧姆挡拨至
R×1k 挡的位置

当测得的两个阻值都
很小时三极管为NPN

图 7-63　判别三极管类型

如果使用数字万用表判断三极管的管型时，只需将引脚直接插入相应的 h_{FE} 插口中就可以判断。

③ 判别三极管的引脚极性

a. 判别基极。判别三极管基极的方法如图 7-64 所示。当用万用表 R×1k 挡位测量三极管时，硅管的 PN 结正向阻值约为 3～10kΩ，反向电阻大于 500kΩ。锗管的 PN 结正向阻值约为 500～2000kΩ，反向电阻大于 100kΩ。如果所测电阻值与此值偏差太大，就可能是管子已经损坏了。

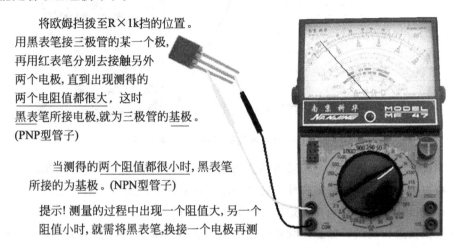

将欧姆挡拨至R×1k挡的位置。用黑表笔接三极管的某一个极，再用红表笔分别去接触另外两个电极,直到出现测得的两个电阻值都很大,这时黑表笔所接电极,就为三极管的基极。(PNP型管子)

当测得的两个阻值都很小时,黑表笔所接的为基极。(NPN型管子)

提示! 测量的过程中出现一个阻值大,另一个阻值小时,就需将黑表笔,换接一个电极再测

图 7-64 判别三极管的基极

b. 判定集电极和发射极。如果已知被测三极管是锗管，则判定集电极和发射极的方法如图 7-65 所示。

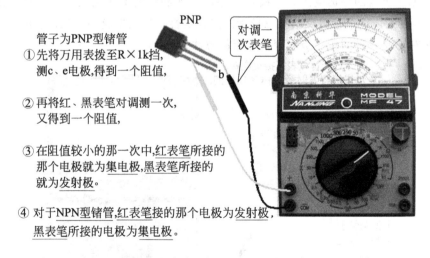

管子为PNP型锗管
① 先将万用表拨至R×1k挡,测c、e电极,得到一个阻值,

② 再将红、黑表笔对调测一次,又得到一个阻值,

③ 在阻值较小的那一次中,红表笔所接的那个电极就为集电极,黑表笔所接的就为发射极。

④ 对于NPN型锗管,红表笔接的那个电极为发射极,黑表笔所接的电极为集电极。

PNP

对调一次表笔

图 7-65 锗管集电极和发射极判别步骤

如果已知被测三极管是硅管，则判定集电极和发射极的方法如图 7-66 所示。

对于质量良好的晶体管，按正常接法加上电源（对于 NPN 管，集电结应加反向偏置电压，发射结加正向偏置电压），这时放大系数较高。如将集电极与发射极的位置接反了，管子无法正常工作，放大系数就大为降低。根据这一点可以准确判定 C、E 极，其准确程度远高于指针万用表。

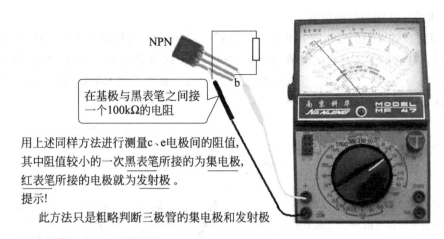

在基极与黑表笔之间接一个100kΩ的电阻

用上述同样方法进行测量c、e电极间的阻值，其中阻值较小的一次黑表笔所接的为集电极，红表笔所接的电极就为发射极。

提示!

此方法只是粗略判断三极管的集电极和发射极

图7-66　硅管集电极和发射极判别步骤

数字式万用表具有测试三极管的功能插孔。只需把三极管插入对应的孔位，就能准确地判断三接管的类型和引脚极性，尤其判断三极管的集电极和发射极更为方便。

（4）三极管好坏的判别　要想知道三极管质量的好坏，并定量分析其参数，需要专用的测量仪器进行测试，如晶体管特性图示仪。当不具备这样的条件时，用万用表也可以粗略判断晶体三极管性能的好坏。

① 判断小功率管的好坏。判断小功率三极管好坏的依据，就是根据三极管极间正反向电阻不相同这一特点。在测试时不能使用万用表 R×1 或 R×10 的挡位，以免击穿三极管。

② 判断三极管的穿透电流。三极管的穿透电流随温度的升高而增大，特别是锗管受温度影响更大，这个参数反映了三极管的热稳定性，反向电流小，三极管的热稳定性就好。图 7-67 是一种测量三极管穿透电流的方法。

对于PNP管红表笔接集电极，黑表笔接发射极，用R×1k挡测，

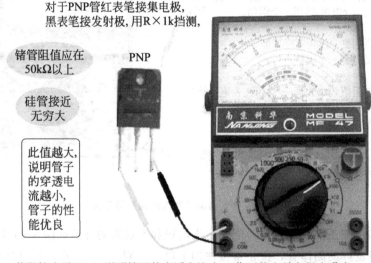

锗管阻值应在50kΩ以上

硅管接近无穷大

此值越大，说明管子的穿透电流越小，管子的性能优良

若阻值小于25kΩ，说明管子的穿透电流大，工作不稳定并有很大噪声，不宜选用。

对于NPN管，应将表笔对调测试其电阻值。

测量三极管的穿透电流

图7-67　三极管穿透电流的测量

（5）估测三极管放大倍数　电流放大系数 β 值的估测，如图 7-68 所示。对于 NPN 型三极管的放大能力的测量与 PNP 管的方法完全一样，只要把红、黑表笔对调就可以了。

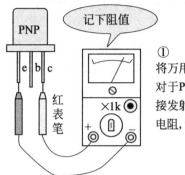

① 将万用表拨至电阻×1k或×100k挡位。对于PNP型管,红表笔接集电极,黑表笔接发射极。先测集电极与发射极之间的电阻,记下阻值。

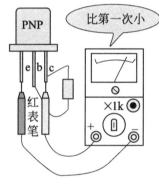

② 将100kΩ电阻接入基极与集电极之间,使基极得到一个偏流,这时表针所示的阻值比不接电阻时要小,即表针的摆动变大,摆动越大,说明放大能力越好。

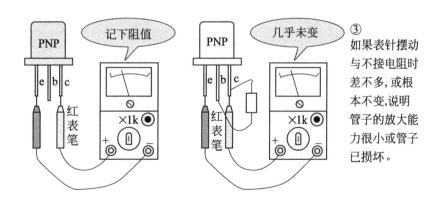

③ 如果表针摆动与不接电阻时差不多,或根本不变,说明管子的放大能力很小或管子已损坏。

图 7-68　测量集电极与发射极之间的电阻值

（6）三极管选择和使用注意事项　为了减少三极管在使用中的损坏，在选择和使用中要注意以下事项：

① 需要工作电压高时，选择基极开路时 c-b 间的击穿电压 $U_{(BR)CEO}$ 大的高反压管。要注意 b、e 间的反向电压不要超过 $U_{(BR)CEO}$

需要大的功率输出时，应选择 P_{CM} 大的功率管，同时要满足散热条件。

需要输出大电流时，应选择 I_{CM} 大的管子。

② 工作信号高时，选择高频管或超高频管；工作于开关电路时，选择开管关。

需要导通时管压降低时，选择锗管；需要反向电流小时，选择硅管。

同型号管子中选择反向电流小的；

③ 选择 β 值一般为几十至一百左右；β 值太大稳定性差。

当电源对地为正时，多选用 NPN 型的管子；当电源对地为负值时，多选用 PNP 型的管子。

8

电力电子器件识别与检测

一、内容简介

8.1 晶闸管的识别和检测。晶闸管是一种既具有开关作用，又具有整流作用的半导体功率器件，应用于可控整流、变频、逆变和无触点开关等多种电路。它是四层（P、N、P、N）、三端（A、K、G）器件。怎样辨识它是哪一类的晶闸管？参数又有哪些？使用万用表检测怎样检测晶闸管的好坏，它的极性又怎样判别？这些内容和技能是本节的主要内容。

8.2 双向晶闸管的识别和检测。主要介绍双向晶闸管的结构特点及使用万用表检测其好坏和极性。

8.3 可关断晶闸管的识别和检测。主要介绍使用万用表检测可关断晶闸管的方法和步骤。

8.4 场效应管的识别和检测。场效应管是一种利用电场效应来控制电流大小的半导体器件，是一种电压控制型，可作为放大器使用的三端半导体器件。本章主要介绍了场效应管的结构、主要参数、使用时要注意的事项。重点介绍了使用万用表检测场效应管的好坏、引脚的极性判断方法和步骤。

通过本章学习，对维修电工、电工的常用电力电子器件的用途和检测方法有所了解，这只是入门，是否能熟练运用，还应该在实践中不断摸索才行。

二、学习建议

正确识别和检测电力电子器件是一名维修电工必须具备的基本技能。如果想熟练使用万用表检测这些器件，那么就必须先了解清楚这些器件的用途和结构。这些知识和技能，通过学习8.1～8.5的内容可以获得。在学习时，应该对照实物进行，这种方法会使你很快掌握这些器件的特征。使用万用表检测这些元器件的好坏，是一项需要不断练习才能习得的一种技能。

三、学习目标

（1）了解各类常用电力电子元件的用途和结构特点。

（2）掌握使用万用表检测常用电力电子元件的方法。

8.1 晶闸管的识别与检测

许多工业电子应用领域需要对高电压、大电流进行控制。晶闸管就是一种使用方便、价格便宜的固态器件，可以控制各种电动机、通用电源和其他高电压、大电流的仪器设备。

8.1.1 晶闸管的结构

晶闸管是一种既具有开关作用，又具有整流作用的半导体功率器件，应用于可控整流、变频、逆变和无触点开关等多种电路。晶闸管是晶体闸流管的简称，它的内部有一个由硅半导体材料做成的管芯。管芯是一个圆形薄片，它是四层（P、N、P、N）、三端（A、K、G）器件，其结构及图形符号如图 8-1 所示。

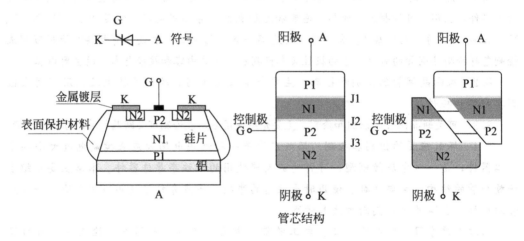

图 8-1 晶闸管的结构及图形符号

8.1.2 晶闸管的种类

晶闸管的种类很多，有单向导通晶闸管（SCR）、双向导通晶闸管（TRIAC）、可关断晶闸管（GTO）、快速晶闸管（FST）、逆导晶闸管（RCT）和光控晶闸管（LTT）。晶闸管从外形上来分，有螺栓形和平板形等多种外形，如图 8-2 所示。

额定电流小于 200A 的晶闸管可采用螺栓形或其他封装形式，大于 200A 的采用平板形。对于螺栓形晶闸管，螺栓是晶闸管的阳极 A，它与散热器紧密联接。粗辫子线是晶闸管的阴极 K，细辫子线是门极 G。对于平板形晶闸管，它的两个平面分别是阳极和阴极，而细辫子线则是门极。使用时两个互相绝缘的散热器把晶闸管紧紧地夹在一起。

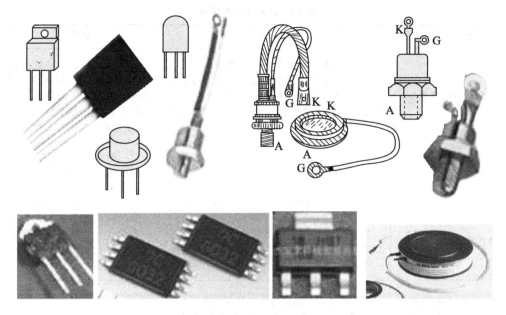

图 8-2 晶闸管外形

8.1.3 晶闸管的主要参数

晶闸管的相关参数见表 8-1~表 8-4。

表 8-1 晶闸管电压定额相关参数

参数名称	参数含义	说明
断态重复峰值电压 U_{DRM}	U_{DRM} 是门极断路而器件的结温为额定值时,允许重复加在器件上的正向峰值电压。规定断态重复峰值电压 U_{DRM} 为断态不重复峰值电压 U_{DSM} 的 90%	晶闸管正向工作时有两种工作状态:阻断状态简称断态;导通状态简称通态
反向重复峰值电压 U_{RRM}	U_{RRM} 是门极断路而结温为额定值时,允许重复加在晶闸管上的反向峰值电压。规定反向重复峰值电压 U_{RRM} 为反向不重复峰值电压 U_{RSM} 的 90%	
额定电压	通常把 U_{DRM} 和 U_{RRM} 中较小的值标作该器件的额定电压	选用时,额定电压应为正常工作峰值电压的 2~3 倍,作为允许的操作过电压裕量
通态(峰值)电压 U_{TM}	U_{TM} 是晶闸管通以 π 倍或规定倍数额定通态平均电流值时的瞬态峰值电压	从减小损耗和器件发热的观点出发,应该选择 U_{TM} 较小的晶闸管

表 8-2   晶闸管电流定额

参数名称	参数含义	说明
通态平均电流 $I_{T(AV)}$	$I_{T(AV)}$ 在环境温度为 40℃ 和规定的冷却条件下,带电阻性负载的单相工频正弦半波电路中,管子全导通(导通角 θ 不小于 170°)而稳定结温不超过额定值时所允许的最大平均电流	由于晶闸管的过载能力比一般电磁器件小,因而要选用晶闸管的通态平均电流为其实际正常平均值的 1.5～2.0 倍,使之有一定的安全裕量
维持电流 I_H	I_H 是使晶闸管维持通态所必需的最小主电流	它一般为几十到几百毫安。它与结温有关,结温越高,则如值越小
擎住电流 I_L	I_L 是晶闸管刚从断态转入通态并移除触发信号之后,能维持通态所需的最小主电流	擎住电流的数值与工作条件有关。对于同一晶闸管来说,通常 I_L 约为 I_H 的 2～4 倍
断态重复峰值电流 I_{DRM} 和反向重复峰值电流 I_{RRM}	I_{DRM} 和 I_{RRM} 分别是对应于晶闸管承受断态重复峰值电压 U_{RRM} 和反向重复峰值电压 U_{RRM} 时的峰值电流	
浪涌电流 I_{TSM}	浪涌电流有上下限两个级。I_{TSM} 是一种由于电路异常情况(如故障)引起的并使结温超过额定结温的不重复性最大正向过载电流。用峰值表示	

表 8-3   晶闸管门极定额

参数名称	参数含义	说明
门极触发电流 I_{GT}	I_{GT} 是在室温下,阳极电压直流 6V 时使晶闸管由断态转入通态所必需的最小门极电流	
门极触发电压 U_{GT}	U_{GT} 是产生门极触发电流所必需的最小门极电压	标准只规定了 I_{GT} 和 U_{GT} 的下限

表 8-4   晶闸管动态参数

参数名称	参数含义	说明
断态电压临界上升率 du/dt	du/dt 是在额定结温和门极开路的情况下,不导致从断态到通态转换的最大主电压上升率	使用中的实际电压上升率必须低于此临界值
通态电流临界上升率 di/dt	di/dt 是在规定条件下,晶闸管能承受而无有害影响的最大通态电流上升率	如果主电流上升太快,则晶闸管刚一开通时,会有很大的电流集中在门极附近的小区域内,从而造成局部过热而使晶闸管损坏。因此要采取措施限制其值在临界值内

额定结温 T_{jm} 为器件在正常工作时所允许的最高结温,在此温度下,一切有关的额

定值和特性都能得到保证。

　　选用器件时，应注意产品合格证上标明的实测数值。应使触发器输送给门极的电流和电压适当大于晶闸管出厂合格证上所列的数值，但不应超过其峰值 I_{FGM} 和 U_{FGM}。门极平均功率和峰值功率也不应超过规定值。

8.1.4　晶闸管的工作原理

　　（1）晶闸管的特点。

　　① 晶闸管承受反向阳极电压时，不论门极承受何种电压，晶闸管都处于关断状态。

　　② 当晶闸管承受正向阳极电压时，仅在门极承受正向电压的情况下晶闸管才能导通，正向阳极电压和正向门极电压两者缺一不可。

　　③ 晶闸管一旦导通，门极就失去控制作用，不论门极电压是正还是负，晶闸管保持导通。

　　④ 要使晶闸管关断，必须去掉阳极正向电压，或者给阳极加反压，或者降低正向阳极电压，使通过晶闸管的电流降低到一定数值以下。

　　（2）晶闸管的工作原理　为了弄清晶闸管工作的条件，按图 8-3 的电路做几个实验。

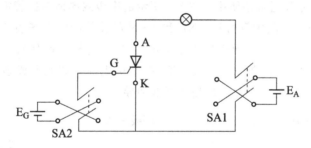

图 8-3　晶闸管工作原理实验电路

　　主电源 E_A 和门极电源 E_G 通过双掷双刀开关 SA1 和 SA2 正向或反向作用于晶闸管的有关电极，主电路的通断由灯泡显示，可得晶闸管通和断的规律如表 8-5 所列。

表 8-5　晶闸管通和断的规律

实验条件		结果
阳极	**门极**	
晶闸管承受反向阳极电压	不论门极承受何种电压	关断
晶闸管承受正向阳极电压	门极承受正向电压	导通
晶闸管一旦导通	失去控制作用	保持导通
去掉阳极正向电压或者给阳极加反压		关断
	未加触发电压	正向阻断

　　从图 8-4 晶闸管内部的四层结构来分析晶闸管通和断的规律。晶闸管有 J1、J2 和

J3 三个 PN 结，P1 区引出阳极 A，N2 区引出阴极 K，P2 区引出门极 G。如果正向电压加到器件上，中间结 J2 便成反偏，PNPN 结构处于阻断状态，只能通过很小的正向漏电流。当器件上加反向电压时，J1 和 J3 结成反偏，PNPN 结构也呈阻断状态，只能通过极小的反向漏电流，与一般二极管的反向特性相似。

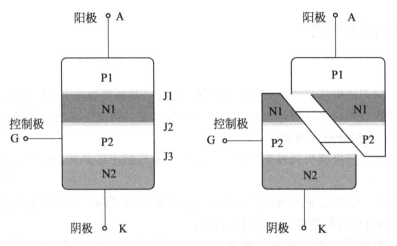

图 8-4　晶闸管内部层结构

晶闸管的工作原理通常是使用如图 8-5 所示的串级双晶体三极管模型来解释。如在器件上取倾斜的截面，晶闸管可用 PNP 和 NPN 晶体管的组合来表述。如果门极电流 I_G 注入晶体管 VT2 的基极，即产生集电极电流 I_{c2}，它构成晶体管 VT1 的基极电流，放大成集电极电流 I_{c1}，又进一步增大 VT2 的基极电流，如此形成强烈正反馈，最后 VT1 和 VT2 进入完全饱和状态，即晶闸管饱和导通。

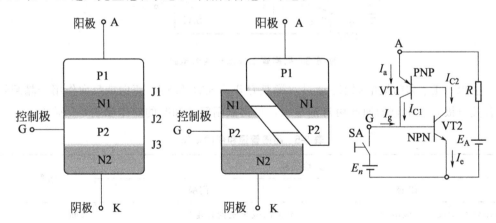

图 8-5　晶闸管的工作原理模型

（3）晶闸管导通示意如图 8-6 所示。

（4）晶闸管关断示意如图 8-7 所示。

图 8-8 是晶闸管的伏安特性曲线。

注意：可能使晶闸管触发导通的几种情况。

① 门极触发。

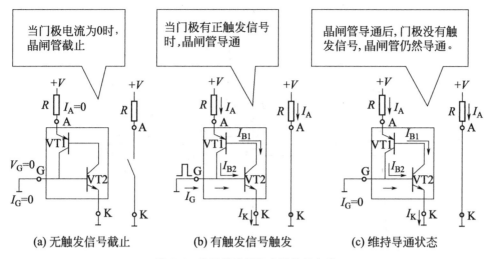

图 8-6 晶闸管导通示意及等效电路

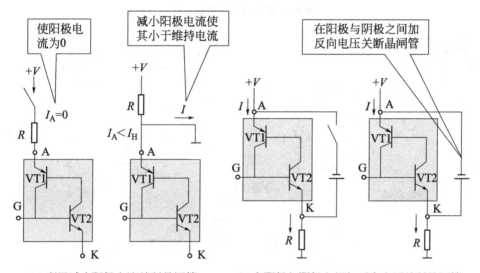

图 8-7 晶闸管关断示意

② 阳极电压作用：如正向阳极电压升至相当高的数值，使器件导通。

③ du/dt 作用：阳极电压高速率上升，将导致晶体管的发射极电流增大，引起导通。

④ 温度作用：在较高结温下，晶体管的漏电流增大，最后引起晶闸管导通。

⑤ 光触发：用光直接照射在硅片上，触发晶闸管的电流。

（5）晶闸管的简单应用 晶闸管与触发电路配合，可以把交流电变成个直流电，提供给直流电动机、电热器等使用。图 8-9 是晶闸管单相半波可控整流电路。

图 8-10 是停电备用电源电路。当交流电源正常供电时，EL 正常发光。电容 C1 被充电，使得晶闸管 VT1 阴极电压高于阳极电压，晶闸管 VT1 承受反向电压，晶闸管 VT1 不导通。当交流电断电时，电容 C1 通过 R1、VD3、R3 放电，使得晶闸管 VT1

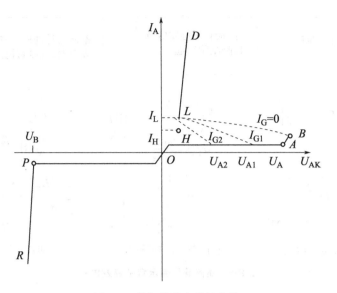

图 8-8　晶闸管伏安特性曲线

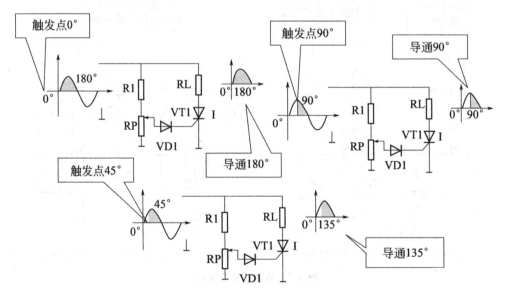

图 8-9　单相半波可控整流电路

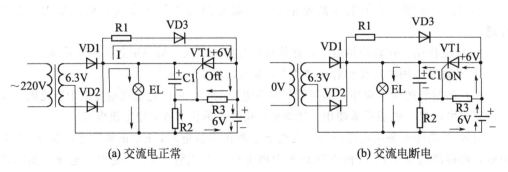

(a) 交流电正常　　　　　　　　　　(b) 交流电断电

图 8-10　停电备用电源电路

的阴极电位低于阳极和门极电位，晶闸管 VT1 导通，电池开始供给照明灯 EL 电源，照明灯 EL 正常发光。

8.1.5 检测晶闸管

（1）晶闸管引脚判别 使用指针式万用表检测识别晶闸管引脚的方法如图 8-11 所示。

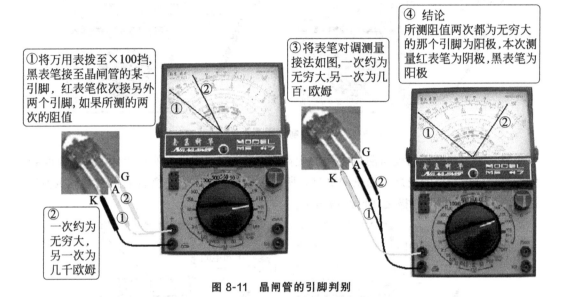

①将万用表拨至×100挡，黑表笔接至晶闸管的某一引脚，红表笔依次接另外两个引脚，如果所测的两次的阻值

②一次约为无穷大，另一次为几千欧姆

③将表笔对调测量接法如图，一次约为无穷大，另一次为几百·欧姆

④结论
所测阻值两次都为无穷大的那个引脚为阳极，本次测量红表笔为阴极，黑表笔为阳极

图 8-11 晶闸管的引脚判别

（2）晶闸管好坏的判别 在使用万用表判断晶闸管好坏有一种情况要注意。如果晶闸管阳极 A 和阴极 K 或阳极 A 和控制极 G 之间断路，他们之间的阻值也为无穷大，使用本方法很难判断出来。因此，本方法仅是粗略判断晶闸管的好坏，在此基础之上还要进行通电检测。使用万用表检测晶闸管好坏的步骤如下：

第一步，判断控制极与阴极之间的 PN 结，如图 8-12 所示。

使用万用表R×100挡，测量阴极与控制极之间的正反向电阻值，若两次所测得的数值差别很大，基本上可以判断次PN结是好。

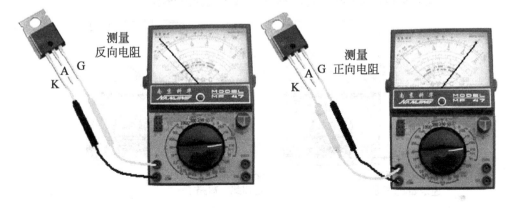

测量反向电阻

测量正向电阻

图 8-12 判断控制极与阴极之间的 PN 结

　　第二步，判断控制极与阴极之间的断路，如图 8-13 所示。使用万用表 R×100 挡位，测量阴极与控制极之间的正向电阻，所测数值如果为无穷大，交换表笔再测量，阻值还是无穷大，说明控制极与阴极之间已经断路了。

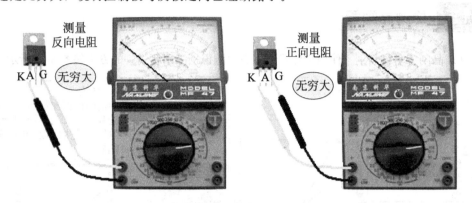

图 8-13　判断控制极与阴极之间的断路

　　第三步，判断控制极与阴极之间的短路，如图 8-14 所示。使用万用表 R×100 挡位，测量阴极与控制极之间的正向电阻，所测数值如果为 0，交换表笔再测量，阻值还是 0，说明控制极与阴极之间已经短路了。

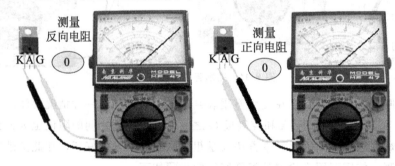

图 8-14　判断控制极与阴极之间的短路

　　第四步，判断阳极与阴极之间的短路。如图 8-15 所示。

　　使用万用表R×100挡，测量A-G,A-K之间的电阻都很大,交换表笔再测,结果一样,基本正常。测量A-G,A-K之间的电阻都很小或为0,交换表笔再测,结果一样,短路

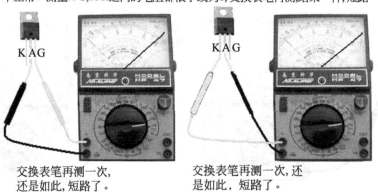

交换表笔再测一次，
还是如此，短路了。

交换表笔再测一次，还
是如此，短路了。

图 8-15　判断阳极与阴极之间的短路

8.2 双向晶闸管的识别与检测

8.2.1 双向晶闸管结构及原理

双向晶闸管由五层半导体材料构成，有三个电极，分别为主电极 T1 和 T2 及控制极 G。其结构如图 8-16 所示。

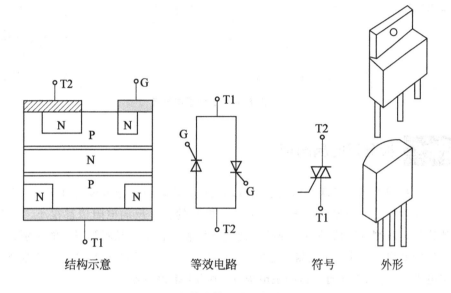

结构示意　　　　　等效电路　　　　符号　　　　外形

图 8-16　晶闸管结构、外形及符号

双向晶闸管一旦导通，不论有无触发脉冲，均维持导通。只有在流过主电极的电流小于维持电流时，或主电极改变电压极性且没有触发脉冲存在时，双向晶闸管才能自行关断。

触发双向晶闸管的触发电压不论是正还是负，只要满足必需的触发电流，都能触发双向晶闸管在两个方向导通。双向晶闸管有四种触发状态，如表 8-6 所示。

表 8-6　双向晶闸管有四种触发状态

序号	条件	状态		
		T1	T2	导通方向
1	G 极和 T2 极相对于 T1 极的电压均为正时	阴极	阳极	T2→T1
2	G 极和 T1 极相对于 T2 极的电压均为正时	阴极	阳极	T2→T1
3	G 极和 T1 极相对于 T2 极的电压均为正时	阳极	阴极	T1→T2
4	G 极和 T2 极相对于 T1 极的电压均为正时	阳极	阴极	T1→T2

工作原理。当 A1 点电位高于 A2 点电位，此时控制极有正触发脉冲，双向晶闸管导通如图 8-17(a)，当 A2 点电位高于 A2 点电位，此时控制极有正触发脉冲，双向晶闸管导通如图 8-17(b)。

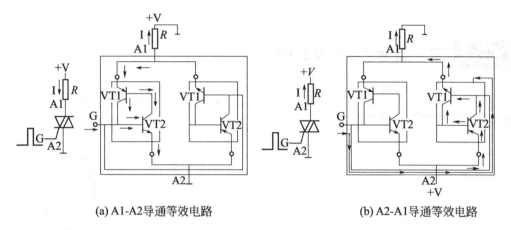

(a) A1-A2导通等效电路　　　　　　　　(b) A2-A1导通等效电路

图 8-17　工作原理示意

8.2.2　检测双向晶闸管

双向晶闸管相当于两个单向晶闸管的反极并联，有三个电极引脚 T1、T2 和 G，使用一个触发电路的交流开关器件。G—T1 极间的正、反向电阻值都很小。检测不同型号的管子，所测的阻值是不一样的。使用万用表进行双向晶闸管引脚的识别共五步：

先判断出 T2 引脚→检测主电极 T1 到 T2 导通→检测主电极 T1、T2 维持导通→检测主电极 T2 到 T1 导通→检测主电极 T2 到 T1 维持导通。

第一步，先判断出 T2 引脚。使用万用表 R×1 挡位，红黑表笔任意接触两个引脚，测得正反向电阻值，如果正反向电阻的阻值都很小，约几十欧姆，那么，被测两个引脚就是 G、T1，余下的一个引脚就是 T2 了，如图 8-18 所示。

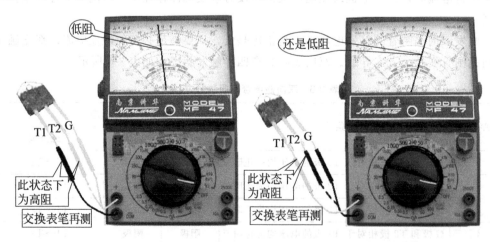

图 8-18　双向晶闸管引脚 T2 的识别

如果是 TO—220 封装的双向晶闸管，T2 通常与散热板连通，据此也可确定 T2。
找到 T2 后，再判断 T1 和 G。

第二步，检测主电极 T1 到 T2 导通的方法如图 8-19。

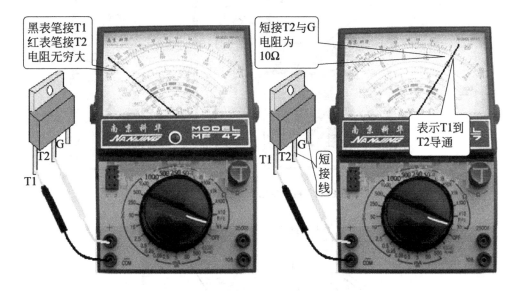

图 8-19 检测主电极 T1 到 T2 导通

第三步，检测主电极 T1、T2 维持导通的方法如图 8-20。

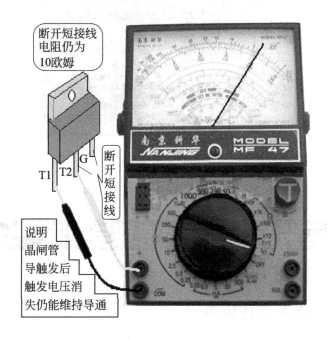

图 8-20 检测主电极 T1、T2 维持导通

第四步，检测主电极 T2 到 T1 导通的方法如图 8-21。
第五步，检测主电极 T2 到 T1 维持导通的方法如图 8-22。

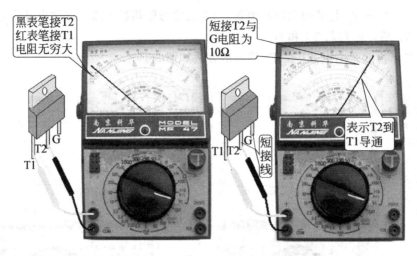

图 8-21　检测主电极 T2 到 T1 导通

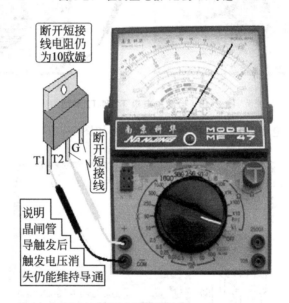

图 8-22　检测主电极 T2 到 T1 维持导通

8.3　可关断晶闸管的识别与检测

8.3.1　可关断晶闸管的结构

　　可关断晶闸管（GTO）也叫门控晶闸管。主要特点是当控制极和阴极间加正向触发信号时能导通，当控制极和阴极间加负向触发信号时能自行关断。我们知道，要使普通晶闸管关断，必须使流过晶闸管的正向电流小于维持电流，或在阳极与阴极之间施以反向电压强迫关断。可关断晶闸管既保留了普通晶闸管耐压高、电流大等优点，又具有自关断能力，使用方便，是理想的高压、大电流开关器件。

可关断晶闸管与普通晶闸管的触发导通原理相同，但他们的关断原理及关断方式却不同。这是由于普通晶闸管在导通之后即处于深度饱和状态，而可关断晶闸管导通后只能达到临界饱和，所以给控制极加上负向触发信号即可关断。

可关断晶闸管也属于 PNPN 四层三端器件，可关断晶闸管也有三个电极，分别为阳极 A、阴极 K 和控制极 C。可关断晶闸管的外形及符号如图 8-23 所示。可关断晶闸管的结构与普通晶闸管相同。由于可关断晶闸管的功率不同，因此封装也不同，大功率可关断晶闸管多采用圆盘状或模块形式。

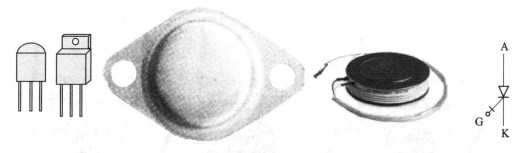

图 8-23　可关断晶闸管的外形及符号

8.3.2　可关断晶闸管的检测

检测大功率可关断晶闸管时，可在 R×1 挡外面串联一节 1.5V 的电池，以提高测

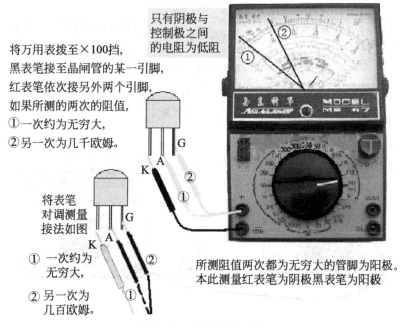

将万用表拨至×100挡，黑表笔接至晶闸管的某一引脚，红表笔依次接另外两个引脚，如果所测的两次的阻值，
① 一次约为无穷大，
② 另一次为几千欧姆。

只有阴极与控制极之间的电阻为低阻

将表笔对调测量接法如图
① 一次约为无穷大，
② 另一次为几百欧姆。

所测阻值两次都为无穷大的管脚为阳极。本此测量红表笔为阴极黑表笔为阳极

图 8-24　判断引脚的极性

试电压，使晶闸管可靠地导通。

使用万用表检测可关断晶闸管共三步。判断引脚的极性→判断管子是否能导通→判断管子是否能关断。其步骤和方法如下：

第一步，判断引脚的极性方法如图 8-24 所示。

第二步，判断管子是否能导通，如图 8-25。

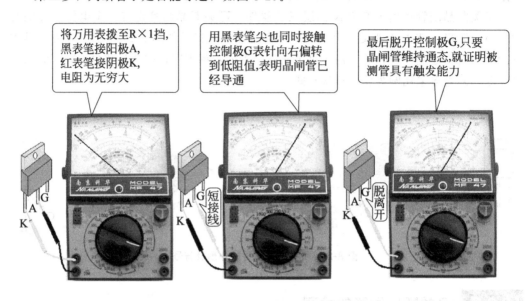

将万用表拨至R×1挡，黑表笔接阳极A，红表笔接阴极K，电阻为无穷大

用黑表笔尖也同时接触控制极G表针向右偏转到低阻值，表明晶闸管已经导通

最后脱开控制极G，只要晶闸管维持通态，就证明被测管具有触发能力

图 8-25　判断管子是否能导通

第三步，判断管子是否能关断。采用双表法检查可关断晶闸管的关断能力，如图 8-26 所示。

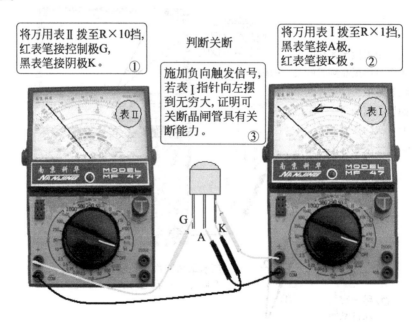

将万用表Ⅱ拨至R×10挡，红表笔接控制极G，黑表笔接阴极K。①

判断关断

施加负向触发信号，若表Ⅰ指针向左摆到无穷大，证明可关断晶闸管具有关断能力。③

将万用表Ⅰ拨至R×1挡，黑表笔接A极，红表笔接K极。②

图 8-26　判断管子是否能关断

8.4 场效应管的识别与检测

8.4.1 场效应晶体管的类型

（1）场效应管（FET）的类型 场效应管是一种利用电场效应来控制电流大小的半导体器件，是一种电压控制型，可作为放大器使用的三端半导体器件。常用场效应管的封装外形如图 8-27。这种器件输入阻抗高、噪声低、热稳定性好、抗辐射能力强和制造工艺简单。

图 8-27 常用场效应管的封装外形

根据场效应管结构不同和电场的存在环境，场效应管可划分为结型场效应管（JFET）和金属-氧化物-半导体场效应管（MOSFET）两种类型。图 8-28 是结型场效应管（JFET）的结构示意及符号。

图 8-29 是绝缘栅场效应管（MOSFET）的结构示意及符号

（2）绝缘栅场效应管（MOSFET）工作原理 如果在漏极（D）和源极（S）之间加上电压 u_{DS}，而令栅极（G）和源极（S）之间的电压 $V_{GS}=0$，则由于漏极（D）和源极（S）之间相当于两个 PN 结反向地串联，所以 D—S 间不导通。当栅极（G）和源极（S）之间加有正电压，而且大于管子的开启电压值 $V_{GS(th)}$ 时，由于栅极（G）与衬底间电场的吸引，使衬底中的少数载流子——电子聚集到栅极（G）下面的衬底表面，形成一个 N 型的反型层。这个反型层就构成了 D—S 间的导电沟道，于是有 i_D 流通。因为导电沟道属于 N 型，而且在 $u_{DS=0}$ 时不存在导电沟道，必须加以足够高的栅极电压才有导电沟道形成，所以把这种类型的管子叫做 N 沟道增强型场效应管。随着 u_{DS} 的升高导

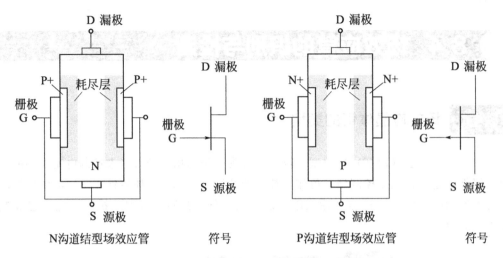

图 8-28　结型场效应管（JFET）的结构示意及符号

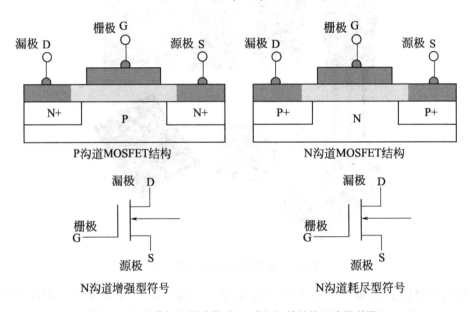

图 8-29　绝缘栅场效应管（MOSFET）的结构示意及符号

电沟道的截面积也将加大，漏极电流 i_D 增加。因此，可以通过改变 u_{DS} 控制漏极电流 i_D 的大小。为防止电流从漏极直接流至衬底，通常将衬底与源极相连，或将衬底接到系统的最低电位上。

（3）场效应管的特点　场效应管的特点如表 8-7 所示。

（4）使用场效应管应注意的事项

① 使用时，各参数不能超过管子的最大允许值。

② 存放时，要特别注意对栅极的保护。要用金属线将三个电极短路。因为它的输入阻抗非常高，栅极如果感应有电荷，就很难泄放掉，电荷积累就会使电压升高，特别是极间电容比较小的管子，少量的电荷就足以产生击穿的高压。为了避免这种情况。关键在于不能让栅极悬空，要在栅源之间一直保持直流通路。

表 8-7 场效应管的特点

特点	含　义
具有负的电流温度系数和较好的热稳定性	指在栅极电压不变的情况下,漏极电流 I_D 随温度上升而略有下降,这种电流自动抑制性能十分有利于多个器件并联,而使管子在大工作电流时更显出它的优越性。管子还具有比较均匀的温度分布能力,这对于避免器件的热击穿十分有利
具有高的输入阻抗,只需要很小的驱动电流	管子是电压控制型器件,输入阻抗大,其驱动电流在数百纳安(nA)数量级时,输出电流可达数十或数百安培。直流放大系数高,能直接用 COMS 或 TTL 等集成逻辑电路来驱动管子工作
开关时间短和工作频率高	管子的开关速度和工作频率比双极型管要高 1~2 个数量级。因为开关的动态损耗小,因此开关频率比双极型功率管高得多
安全工作区域大	由于管子的电流温度系数为负值,不存在局部热点和电流集中问题,只要合理设计器件,就可以从根本上避免二次击穿。因此,管子的安全工作区域比双极型功率管的大

③ 焊接时,应把电烙铁的电源断开再去焊接,先焊源极 (S),再焊栅极 (G),最后焊漏极 (D),以免交流感应将栅极击穿。拆卸时要等待线路板上的电容放完电,再按漏极 (D)、栅极 (G)、源极 (S) 顺序逐个焊开。

④ 测量时,不能用手直接接触栅极。元件的栅极电压不能超过±20V。

8.4.2 场效应管主要参数

(1) 结型场效应管的主要参数有:夹断电压 V_P、饱和漏电流 I_{DSS}、最大漏源电压 $V_{(BR)DS}$、最大栅源电压 $V_{(BR)GS}$、直流输入电阻 R_{GS}、低频互导 (跨导) g_m、输出电阻 r_d 和最大耗散功率 P_{DM}。各参数的具体含义如表 8-8。

表 8-8 结型场效应管的主要参数的含义

参数名称	参数含义	说　明
夹断电压 V_P	对于给定的漏源电压 u_{DS},使沟道在漏端夹断的栅极电压。此时,$I_D=0$	
饱和漏电流 I_{DSS}	在栅源极之间的电压 u_{GS} 为 0,漏源极之间的电压 u_{DS} 值大于夹断电压 V_P 的绝对值时的漏极电流	
最大漏源电压 $V_{(BR)DS}$	是指发生雪崩击穿、漏极电流 i_D 开始急剧上升时的漏极与源极之间的值	
最大栅源电压 $V_{(BR)GS}$	输入 PN 结反向电流开始急剧上升时的栅源极的电压值	
直流输入电阻 R_{GS}	在漏源极短路的条件下,栅源极之间加一定电压时的栅源直流电阻	
低频互导(跨导)g_m	在 u_{DS} 等于常数时,漏极电流的微量变化量和引起这个变化量的栅源电压 u_{GS} 的微变量之比	互导反映了栅源电压对漏极电流的控制能力

续表

参数名称	参数含义	说　明
输出电阻 r_d	说明了漏源极之间的电压 u_{DS} 对漏极电流 i_D 的影响	在饱和区 i_D 随 u_{DS} 改变很小，因此 r_d 的数值可达几十千欧姆或几百千欧姆之间
大耗散功率 P_{DM}	等于漏源极之间的电压 u_{DS} 和漏极电流 i_D 的乘积，即 $P_{DM} = u_{DS} \times i_D$	这些耗散功率转换成热能使管子的温度迅速升高

（2）MOSFET 的特性参数　绝缘栅型场效应管分为增强型和耗尽型两种，根据半导体材料的不同，每一种又可分为 N 沟道和 P 沟道两类。这样，总共有 4 种场效应管。即：N 沟道增强型场效应管、N 沟道耗尽型场效应管、P 沟道增强型场效应管和 P 沟道耗尽型场效应管。MOSFET 的特性参数如表 8-9 所列。

表 8-9　MOSFET 的特性参数

参数名称	参数含义
开启电压 U_T	$I_D = 0$ 时的栅源电压
饱和漏极电流 I_{Dsat}	耗尽-增强型器件在 $U_G = 0$ 时的漏极饱和电流值
截止漏极电流 I_{Do}	增强型器件在 $U_G = 0$ 时，由 PN 结反向漏电流形成的漏极电流
漏源极直流电阻 R_{DS}	工作在未饱和区的漏源极直流电阻
栅极电流 I_G	栅压 U_G 下的栅源电流
跨导 g_m	与 JFET 的跨导相同
漏源极动态电阻 r_d	与 JFET 的 r_d 相同

MOSFET 对温度十分敏感，所测参数应是在一定温度条件下的数值。对于生产厂家提供的参数数值，在使用时要考虑使用温度，必要时要加以修正。

8.4.3　场效应管的检测

（1）根据封装识别引脚极性　绝缘栅场效应管就是栅极 G 与漏极 D、S 源极完全绝缘的场效应管。又因它是由金属（M）作电极，氧化物（O）作绝缘层和半导体（S）组成的金属—氧化物—半导体场效应管，所以，称之为 MOS 场效应管。绝缘栅场效应管的类型和电极可与三极管的类型和电极对应。N 沟道对应 NPN 型，P 沟道对应 PNP 型。绝缘栅场效应管的栅极 G 对应三极管的基极 b，漏极 D 对应集电极 c，源极 S 对应发射极 e。常用绝缘栅场效应管的封装及引脚排列如图 8-30 所示。

对于大功率场效应管而言，引脚排列从左到右为栅极 G、漏极 D、源极 S。对于贴片式场效应管，与散热片相连接的引脚是漏极 D，一般漏极 D 居中，其左边的引脚是栅极 G，右边的引脚是源极 S。

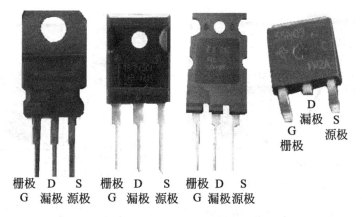

图 8-30 常用绝缘栅场效应管的封装及引脚排列

（2）判别功率型绝缘栅场效应管的引脚极性 因为从结构上看，栅极 G 与其余两脚是绝缘的。此种测量法仅对管内无保护二极管的管子适用。具体步骤是：首先判别引脚极性，第一步判别出栅极 G，第二步再判断源极 S 和漏极 D。

第一步，判别出栅极 G，具体方法如图 8-31 所示。

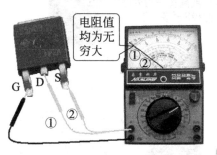

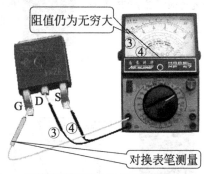

将万用表置于R×1k挡,分别测量3个管脚之间的电阻,如果测得某管脚与其余两管脚间的电阻值均为无穷大,

对换表笔测量时阻值仍为无穷大,则证明此脚是栅极G。

图 8-31 判别出栅极 G

第二步，判断源极 S 和漏极 D。在源极 S 与漏极 D 之间有一个 PN 结，因此根据 PN 结正反向电阻值的不同，来判断源极 S 和漏极 D。具体方法如图 8-32 所示。

（3）管子好坏的判别 用万用表 R×1k 挡去测量场效应管任意两引脚之间的正、反向电阻值。如果出现两次及两次以上电阻值较小，则该场效应管损坏；如果仅出现一次电阻值较小，其余各次测量电阻值均为无穷大，还需作进一步判断。此方法适用于内部无保护二极管的管子。具体步骤如下。

第一步，测量漏、源极间的电阻。具体方法如图 8-33 所示。

第二步，判断管子的性能。第一步完成后，马上进行下面的测量。进行此步测试时需要注意：万用表的电阻挡一定要选用 R×10k 的高阻挡，这时表内电压较高，阻值变化比较明显。如果使用 R×1k 或 R×100 挡，会因表内电压较低而不能正常进行测试。具体方法如图 8-34 所示。

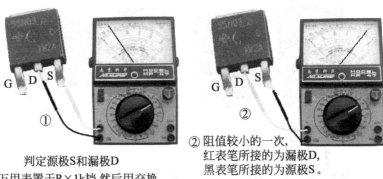

判定源极S和漏极D

将万用表置于R×1k挡,然后用交换表笔的方法测两次电阻,

① 其中阻值较大的一次黑表笔所接的为漏极D,红表笔所接的为源极S。

② 阻值较小的一次,红表笔所接的为漏极D,黑表笔所接的为源极S。

结论 管子是好的,被测管为N沟道管,如果被测管子为P沟道管,则所测阻值的大小规律正好相反。

图 8-32 判断源极 S 和漏极 D

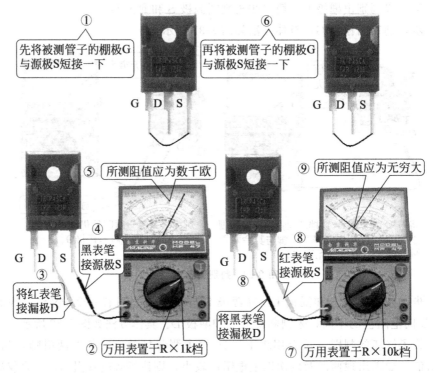

① 先将被测管子的栅极G与源极S短接一下

⑥ 再将被测管子的栅极G与源极S短接一下

⑤ 所测阻值应为数千欧

④ 黑表笔接源极S

③ 将红表笔接漏极D

② 万用表置于R×1k档

⑨ 所测阻值应为无穷大

⑧ 红表笔接源极S

⑧ 将黑表笔接漏极D

⑦ 万用表置于R×10k档

图 8-33 测量漏、源极间的电阻

（4）用万用表检测结型场效应管 结型场效应管的源极和漏极在结构上具有对称性，源极 S 和漏极 D 之间的正反向电阻均相同，正常时为几千欧左右。通常源极 S 和漏极 D 不必再进行区分。

① 判别电极及沟道类型。具体方法如图 8-35 所示。

② 检测管子的放大性能。在测试过程中，万用表指示的电压值变化越大，说明管子的放大能力越强。如果管子放大能力很小或已经失去放大能力，那么万用表指示变化

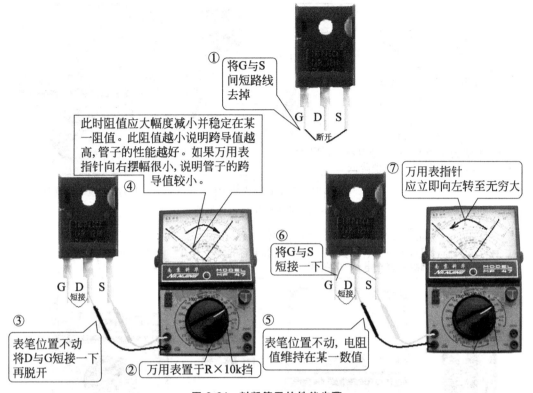

图 8-34 判断管子的性能步骤

① 将万用表置于R×100挡，用黑表笔接触假定为栅极G引脚，然后用红表笔分别接触另两个引脚。若阻值均比较小，

② 再将红、黑表笔交换测量一次。如阻值均很大，属N沟道管，且黑表接触的引脚为栅极G，说明原先的假定是正确的。

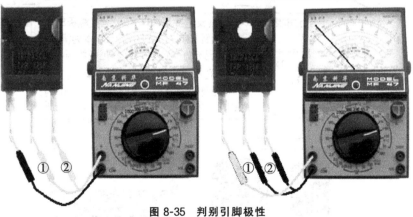

图 8-35 判别引脚极性

就不明显或不变化。测试原理如图 8-36 所示。

③ 检测场效应管夹断电压。以 N 沟道结型场效应管为例，具体方法如图 8-37。

在测试过程中，万用表指针可能退回至无穷大。这是因为电容上所充的电压太高，导致管子完全夹断。如果出现此情况，要对电容进行放电，放电至使电容接至管子的栅极 G 和源极 S 后，测量出的电阻值在 10k～200k 范围内为止。

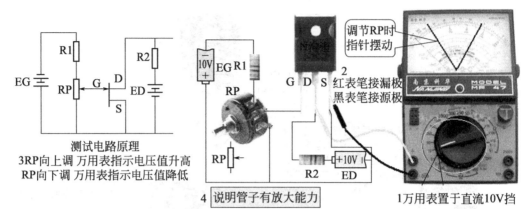

测试电路原理

3 RP向上调 万用表指示电压值升高
RP向下调 万用表指示电压值降低

4 说明管子有放大能力

调节RP时指针摆动

2 红表笔接漏极
黑表笔接源极

1 万用表置于直流10V挡

图 8-36   检测管子的放大性能

用一只220uF/16V的电解电容。将万用表置于R×10k挡，先将黑表笔接电解电容正极，红表笔接电解电容的负极，接触8～10s给电容充电，脱开表笔。 ①

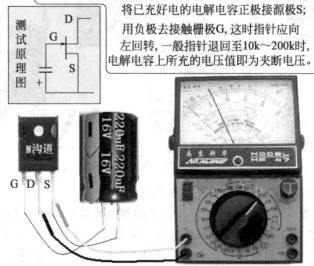

再将万用表拨至直流50V挡，迅速测出电解电容上的电压，并记下此值。 ②

万用表R×10k挡，黑表笔接漏极D，红表笔接源极S，
③   这时指针应向右旋转。指示基本为满度；
将已充好电的电解电容正极接源极S；
用负极去接触栅极G，这时指针应向
左回转，一般指针退回至10k～200k时，
电解电容上所充的电压值即为夹断电压。

测试原理图

图 8-37   检测场效应管夹断电压

9

光电器件识别与检测

一、内容简介

9.1 发光二极管的识别与检测。常用的发光二极管有哪些类型？发光二极管的主要参数又有哪些？这些内容是工作中肯定要涉及的。在使用发光二极管时，一定要先确定引脚极性，不能把极性接反。也要检测发光二极管的好坏。识别发光二极管的引脚极性、使用指针式万用表检测发光二极管的好坏是本节的主要内容。

9.2 光电三极管的识别与检测。光电三极管是在光电二极管的基础上发展起来的一种光电元件。可等效为光电二极管和普通三极管的组合元件。它具有电流放大功能，能实现光电转换，而且因而被广泛应用在光控电路中。使用万用表检测光电三极管、判断其引脚极性，这些是一名从业者必须要掌握的技能，本节主要讲的就是这些技能。

9.3 LED 七段数码显示器的识别与检测。了解 LED 七段数码显示器的结构和七段数码显示器的种类，是正确选择和使用 LED 的前提，使用之前，检测 LED 七段数码显示器更是必要的，这些知识和技能本节会给你提供。

9.4 LCD 液晶显示器的识别与检测。本节主要介绍了安装 LCD 显示器要注意哪些事项，使用时注意哪些事项，LCD 怎样工作？使用万用表怎样判断 LCD 液晶显示器的好坏。

学习本章入门知识和技能，是否能熟练运用，还应该在实践中不断摸索才行。

二、学习建议

正确识别和检测发光二极管、光电三极管、LED 等器件是一名维修电工必须具备的基本技能。先了解清楚这些器件的用途和结构，对使用万用表判断这些器件的好坏非常有用。这些知识和技能，通过学习 9.1～9.4 的内容可以获得。在学习时，应该对照实物进行，这种方法会使你很快掌握这些器件的特征。

三、学习目标

（1）了解各类常用发光二极管、LED 七段数码管等常用器件的用途和结构。

（2）掌握使用万用表检测常用发光二极管、LED 七段数码管的方法。

9.1　发光二极管的识别与检测

9.1.1　发光二极管的类型

发光二极管可广泛用作电源指示灯、电平指示器、报警指示器、调谐指示器等。近年来问世的蓝色发光二极管配上红、绿色发光二极管，可构成真正的彩色像素，用于大屏幕彩色智能显示屏。而最近开发的高亮度白色发光二极管不仅可作为手机液晶显示器的背光源还有望取代白炽灯用于家庭及办公领域。

发光二极管是指当对二极管施加正确偏置电压时，可以发光。发光二极管的颜色有多种，如红色、黄色、绿色、双色等。还有能产生不可见光的发光二极管，如红外线辐射发光二极管。发光二极管的颜色取决于生产器件时使用的元素。生产发光二极管通常使用镓、砷、铝或是几种元素的组合。发光二极管的结构特征、符号及外形如图 9-1 所示。

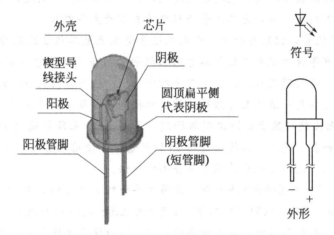

图 9-1　发光二极管结构特征、符号及外形

常用的发光二极管种类很多。一般有单色发光二极管、变色发光二极管、闪烁发光二极管、电压型发光二极管、红外发光二极管和激光二极管。各种发光二极管及符号如图 9-2 所示。

9.1.2　发光二极管的主要参数

发光二极管属于电流控制型半导体器件，当 PN 结导通时，依靠少数载流子的注入以及随后的复合而辐射发光。正向伏安特性曲线比较陡，在正向导通之前几乎没有电流。当电压超过开启电压时电流就急剧增大。

发光二极管具有一般二极管的特性曲线，但是发光二极管有较高的正向偏置电压

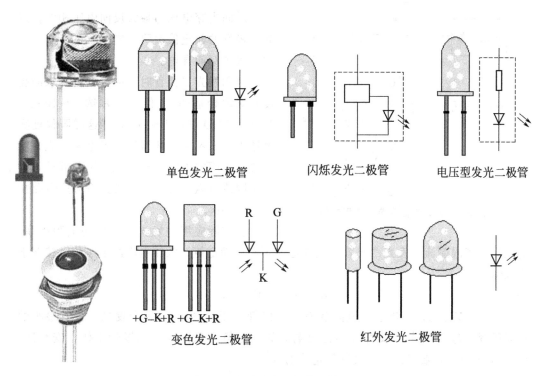

单色发光二极管　　　闪烁发光二极管　　　电压型发光二极管

变色发光二极管　　　　　红外发光二极管

图 9-2　各种发光二极管及符号

（V_F）和较低的反向击穿电压（V_{BR}），其典型数值如表 9-1 所示。

表 9-1　发光二极管主要技术参数

参 数 名 称	参 数 含 义	说　　明
V_F	正向偏置电压：1.4～3.6V（$I_F=200mA$）	正向偏置电压与正向电流及管芯材料有关
V_{BR}	反向击穿电压：$-3～-10V$	
I_F	正向电流：发光二极管正常发光时，流过的电流	在小电流情况下其发光亮度与正向电流 I_F 近似成正比
P_M	极限功率（mW）	
I_{FM}	极限工作电流（最大正向电流）（mA）	
V_R	反向耐压（V）	
V_F	正向工作电压（V）	
I_R	反向漏电流（μA）	
C_O	输出电容（pF）	
I_V	法向发光强度（mcd）	
θ	半强度角（°）	
$\triangle_\lambda$	半峰宽度（μm）	
λ_P	发光峰值波长（μm）	

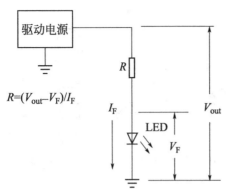

图 9-3 发光二极管典型应用电路

反向击穿电压与最大反向电压相似。发光二极管的额定值表明反向电压可使器件反向偏置击穿而导电。

选用发光二极管时，应根据所要求的亮度来选取合适的 I_F 值（通常选 5～10mA，高亮度 LED 可选 1～2mA），这样既保证亮度适中，又不会损坏器件。若电流过大，就会烧毁 LED 的 PN 结，因此在使用时必须串接限流电阻。发光二极管典型应用电路如图 9-3 所示。

在实际应用中发光二极管与电阻串联，电阻是为了限制流过发光二极管的最大电流不超过额定值。限流电阻的最小值可按照下式取值

$$R = (V_{out} - V_F)/I_F$$

式中，V_{out} 为加在串联的电阻和发光二极管两端的电压；V_F 为发光二极管最小的正向压降；I_F 为发光二极管最小正向电流的额定值为保证发光二极管工作在安全区，计算出的 I_F，应限制在光二极管额定值的 80%。

9.1.3 识别发光二极管的引脚极性

在进行电子产品装配或维修时，对所用的发光二极管要进行识别和检测。对没有使用过的发光二极管，可通过其外观特征进行简单识别，即可识别发光二极管的引脚极性。具体方法如图 9-4 所示。

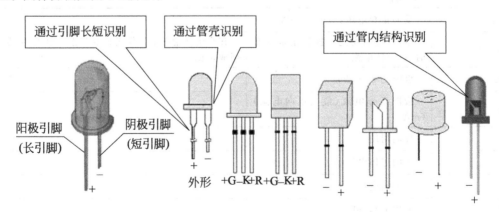

图 9-4 识别发光二极管的引脚极性

9.1.4 使用指针式万用表检测发光二极管的好坏

使用万用表欧姆挡测量时，简单判断发光二极管的好坏。使用万用表的 R×1k 挡

位，两只表笔任意接触两个引脚，检测一次，交换表笔再测量一次，两测量中，其中有一次二极管会发出光亮，说明是好的。此时，表笔所接触的引脚就是发光二极管的正极，如图9-5所示。

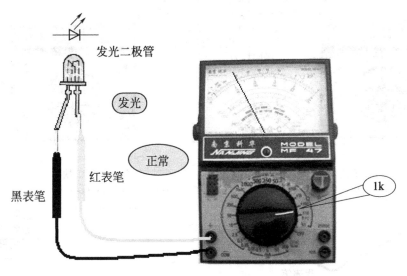

图9-5　简单判断发光二极管的引脚极性

我们还可以使用下面的方法检测判断发光二极管的好坏。选择万用表的R×10或的R×100挡位，在万用表外另接一节1.5V电池，如图9-6所示，黑表笔接发光二极管的正极，红表笔接发光二极管的负极，此时发光二极管发光，说明正常。

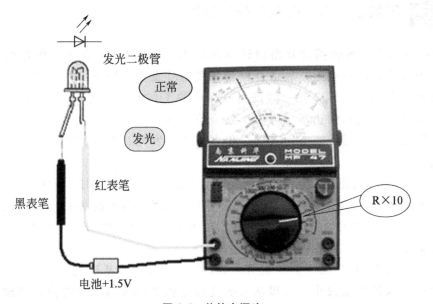

图9-6　外接电源法

我们还可以使用双表法来判断反光二极管的好坏。如图9-7所示。

用以上方法检测发光二极管好坏的同时，也可判断出正、负极，即测得发光管不亮

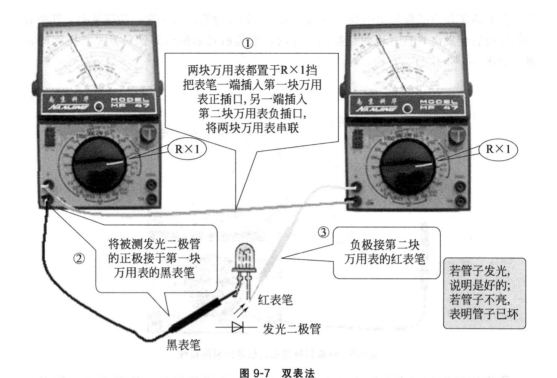

图 9-7　双表法

时，红表笔所接为管子正极，黑表笔或外接电池正极所接为管子负极。发光管的正、负极也可通过查看引脚（长脚为正、短脚为负）或内芯结构予以识别。

9.1.5　用数字万用表检测发光二极管

　　数字万用表二极管挡的开路测试电压约为 2.8V，高于发光二极管的正向压降。由于该挡有限流电阻，故适合检测各种型号发光二极管的发光情况，同时能显示出被测管的正向压降值。但该挡所提供的工作电流仅为 1mA 左右，管子只能稍微发光，所显示的正向压降值比典型值偏低。正向压降值通常是在 10mA 的条件下测出的。使用数字万用表可以很方便检测发光二极管的好坏。下面介绍几种方法。

　　(1) 利用数字万用表二极管挡检测发光二极管　使用该方法时，要注意：先识别出发光二极管的引脚极性，如果将管子的正、负极性接反了就不能发光。若管子能正常发光且亮度适中，说明被测管属于高亮度 LED。由此可区分普通 LED 与高亮度 LED。具体方法如图 9-8 所示。

　　(2) 使用 h_{FE} 挡检测发光二极管　h_{FE} 插口上接有的基准电压源。因为 h_{FE} 测量电路中的限流电阻很小，所以从 C-E 孔可提供 20mA 以下的电流，当输出电流超过 20mA 时，h_{FE} 挡过载，从而限制了输出电流的增大，起到保护作用，不会损坏万用表。因此，使用 h_{FE} 挡检查发光二极管是比较理想的。方法如图 9-9 所示。

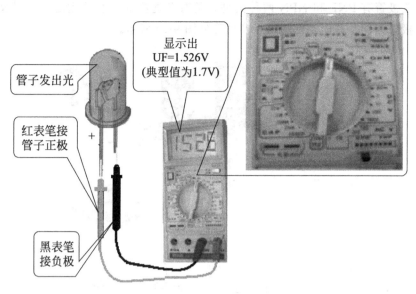

图 9-8 利用二极管挡检测发光二极管方法

（被测发光二极管为 BT204 型）

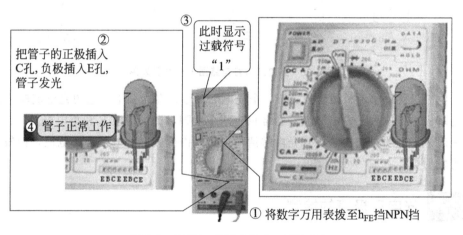

图 9-9 使用 h$_{FE}$ 挡检查发光二极管方法

9.2 光电三极管的识别与检测

9.2.1 光电三极管的类型

光电三极管是在光电二极管的基础上发展起来的一种光电元件。可等效为光电二极管和普通三极管的组合元件。它具有电流放大功能，能实现光电转换，因而被广泛应用在光控电路中。

光电三极管有 PNP 和 NPN 两种类型,且有普通型和达林顿型之分。其文字符号与普通三极管相同。其电路图形符号及外形如图 9-10 所示。

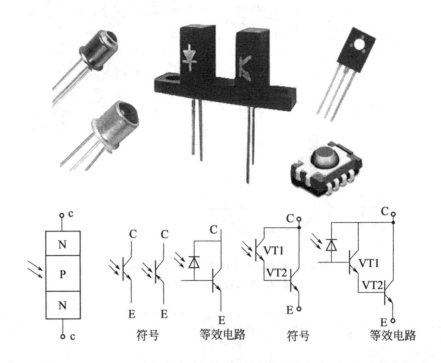

符号　　　　　等效电路　　　　　符号　　　　　等效电路

图 9-10　光电三极管电路图形符号及外形

光电三极管基集 PN 结就相当于一个光电二极管,在光照下产生的光电流输入到三极管的基极进行放大。光电三极管通常只有两个引脚,即发射极 E 和集电极 C。光电三极管一般采用透明树脂封装,管壳内部清晰可见,内部较宽的电极为集电极,而较窄的电极为发射极。

9.2.2　光电三极管的检测

(1) 光电三极管的引脚识别　通过外观封装特征可以很容易识别没有使用过的光电三极管的引脚。一般而言,引线比较长的引脚为发射极 E,较短的引脚为集电极 C。如果光电三极管采用透明树脂封装,那么,在其内部较宽的电极为集电极 C,而较窄的电极为发射极 E。另外,对于达林顿型光电三极管,封装缺圆的一侧为集电极 C。我们还可以使用数字万用表检测发光三极管。具体方法如图 9-11 所示。

(2) 检测光电三极管的暗电阻和亮电阻　光电三极管的暗电阻值为无穷大。光电三极管的亮电阻值应在 $15\sim30\mathrm{k}\Omega$ 左右。

使用指针式万用表 $R\times1k$ 挡,检测发光三极管时,黑表笔接集电极 C,红表笔接发射极 E,无光照时,电阻为无穷大,随着光照增强,电阻会逐渐变小。将表笔对调,则无论有无光照,其电阻均为无穷大。检测光电三极管暗电阻的方法如图 9-12 所示。

检测光电三极管亮电阻的方法如图 9-13 所示。

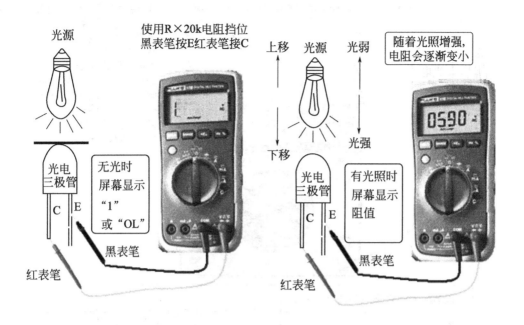

图 9-11　使用数字万用表检测发光三极管

将光电三极管的受光窗口用黑纸
片遮住,万用表置于R×1k挡,
红、黑表笔分别各接光电三极管的一个引脚,
此时所测得的阻值应为无穷大。

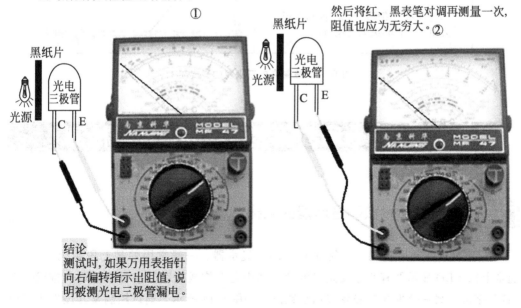

图 9-12　检测光电三极管的暗电阻

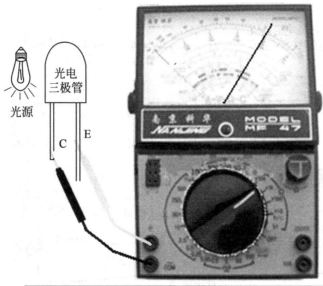

① 使用万用表R×1k挡,
将红表笔接发射极E,
黑表笔接集电极C,
然后将遮光黑纸片从
光电三极管的受光窗口
处移开,并使受光窗口朝
向某一光源,这时万用表
指针应向右偏转。
通常电阻值应在
15～30kΩ左右。

② 指针向右偏转角度越大,说明被测
光电三极管的灵敏度越高。

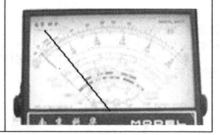

③ 如果受光后,光电三极管的
阻值较大,即万用表指针向右
摆动幅度很小,则说明灵敏度
低或已损坏。

图 9-13　检测光电三极管的亮电阻

9.3　LED七段数码显示器的识别与检测

9.3.1　LED 七段数码显示器的结构

　　LED 显示器是用发光二极管显示字形的显示器。一般常用的是七段数码显示器。通常七段 LED 显示器有八个发光二极管,其中七个构成数字、字母的笔画,排成一个"日"字形,另一个发光二极管表示小数点。如图 9-14 所示。通过控制某几段发光二极管的发光而显示一个数字或字母,如数字 0～9,字母 A、B、C、D、E、F 等。七段 LED 显示器主要参数如表 9-2 所示。

表 9-2　七段 LED 显示器主要参数

参数	含义	参数	含义
V_F	正向工作电压（正向压降）（V）	I_V	发光强度（法向）（mcd）
I_R	反向漏电流（μA）	λ_P	发光峰值波长（μm）
I_{FM}	极限电流（mA）		

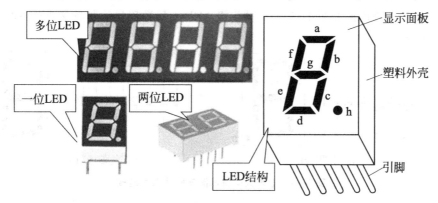

图 9-14　LED 七段数码显示器的结构、外形

在实际应用系统中，可以使用多位 LED，也可以使用一位或两位 LED 组成多位 LED 七段显示器。如图 9-15 所示。

图 9-15　多位 LED 七段显示器

另外，可使用 LED 显示器发光二极管排成点阵结构，构成 LED 大屏幕显示器。LED 大屏幕显示器一般由基本显示器件组成。这种基本显示器件称为 LED 阵块，是由少量的 LED 发光二极管组成的小点阵显示器，如图 9-16 所示。这种结构的器件，每一个发光二极管发光时代表一个点，一个字符或数字由多个发光二极管组成，所显示的字符或数字逼真。

图 9-16　LED 显示器发光二极管排成点阵结构

9.3.2 LED 七段数码显示器的种类

LED 七段数码显示器按照与驱动电路不同的连接方式分为两种，一种是共阳极 LED 七段数码显示器，另一种是共阴极 LED 七段数码显示器。共阴极 LED 七段数码显示器与驱动电路连接如图 9-17(a)，共阳极 LED 七段数码显示器与驱动电路连接如图 9-17(b) 所示。

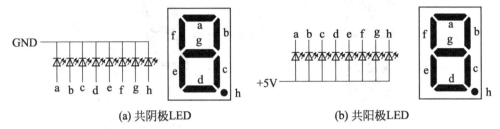

(a) 共阴极LED   (b) 共阳极LED

图 9-17   七段数码显示器与驱动电路连接

由图 9-31 可以看到，共阳极 LED 七段数码显示器，是把所有发光二极管的阳极连接在一起，使用时将连在一起的那一端接高电平，当某个发光二极管的阴极接低电平时，相应的发光二极管就发光。共阴极 LED 七段数码显示器，是把所有发光二极管的阴极连接在一起，使用时将连在一起的那一端接低电平，当某个发光二极管的阳极接高电平时，相应的发光二极管就发光。

9.3.3 检测 LED 七段数码显示器

（1）LED 外观检查及引脚辨识使用   LED 七段数码显示器时，首先要进行外观目视检测。LED 七段数码显示器外观要求颜色均匀、无局部变化及气泡，显示时不能有断笔（段不亮）、连笔（某些段连在一起）等。如果要检测 LED 七段数码显示器是否正常工作可使用下面的方法。图 9-18 是 LED 外观常见缺陷。

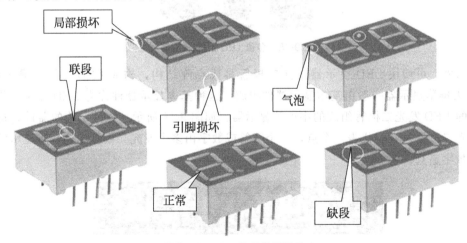

图 9-18   LED 外观常见缺陷

图 9-19 是几种 LED 引脚排列图。

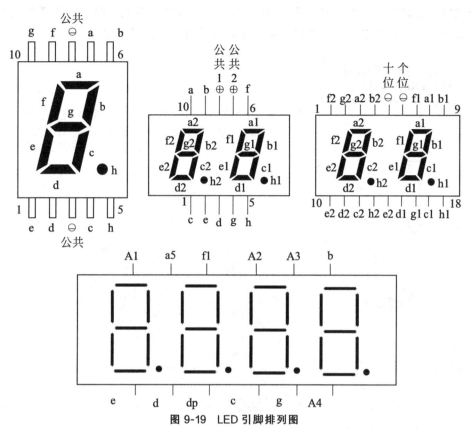

图 9-19 LED 引脚排列图

（2）检测 LED 七段数码显示器是共阳极还是共阴极　检测方法如图 9-20。

根据七段数码显示器引脚的排列规律，先找出公共引脚端，将万用表拨至×1挡位，黑表笔接在公共端，红表笔接任意一引脚，则该段发光，说明此数码管为共阳极。如果不亮，交换表笔，再测量，发光段若发光，则说明此数码管为共阴极。

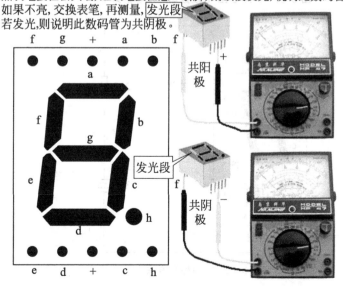

图 9-20　检测 LED 七段数码显示器的极性

（3）检测 LED 七段数码显示器的好坏　使用数字式万用表的 h_{FE} 插口能够方便地检查数码管的好坏。检测方法如图 9-21。检测数码管时，若发光暗淡，说明器件已老化，发光率太低；如果显示的笔段残缺不全，说明数码管已局部损坏。

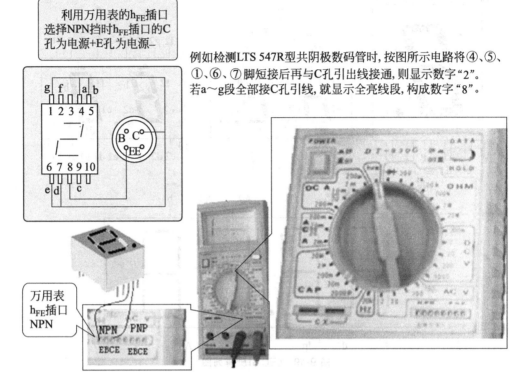

利用万用表的 h_{FE} 插口选择 NPN 挡时 h_{FE} 插口的 C 孔为电源+ E 孔为电源−

例如检测 LTS 547R 型共阴极数码管时，按图所示电路将④、⑤、①、⑥、⑦脚短接后再与 C 孔引出线接通，则显示数字"2"。若 a～g 段全部接 C 孔引线，就显示全亮线段，构成数字"8"。

万用表 h_{FE} 插口 NPN

E 孔插入一根单股细导线，导线引出端接③⑧脚，C 孔引出一根导线，依次接触各段电极可分别显示所对应的段如果某段不亮，则说明该段已坏

图 9-21　检测 LED 七段数码显示器的好坏

公共

发光

100Ω

3V

公共⊖

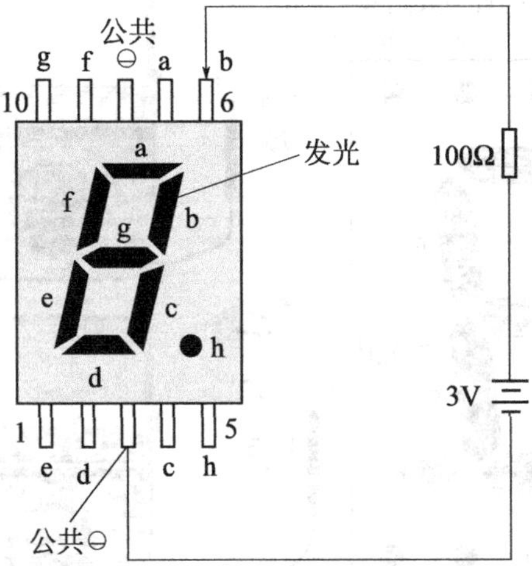

图 9-22　电池检测方法

检查检测 LED 七段数码显示器的好坏还有下列的电池法。使用电池法检测 LED

时，要注意，LED 数码管每笔段工作电流约在 5～10mA 之间，若电流过大会损坏数码管，因此必须加限流电阻，数码管每段压降约 2V。具体方法如图 9-22 所示。

9.4 LCD液晶显示器的识别与检测

9.4.1 使用 LCD 显示器注意事项

（1）安装注意事项

① 安装前揭掉保护膜。偏振片的表面有一层保护膜，装配前应揭去，以便显示更加清晰明亮。

② 保证接触良好。对于大中型 LCD，要适当增加固定用螺钉数量，选用较厚的印制板，以防印制板弯曲造成接触不良。

③ 接线采用压接工艺。LCD 显示器外引线为透明电层，一般使用专门的导电橡胶直接和印制板连接，而不使用焊接工艺。

④ 接线时，将导电橡胶夹在 LCD 显示器引线部位与印制板之间，尽量使显示器引线与印制板引线上、下对齐，然后用螺钉将印制板紧固即可。

（2）使用时要注意的事项

① 工作电压和驱动方式。LCD 显示器工作电压与选用电路相一致，驱动方式与驱动电路相一致。

② 防止施加直流电压。因为长时间施加过大的直流电压，会发生电解和电极老化，会降低寿命。驱动电压中的直流分量一般小于 100mV，越小越好。

③ 使用时应避免阳光直射 LCD，因为阳光中的紫外线会使液晶发生化学反应。

④ 因为液晶在一定温度范围内呈液晶态，如果温度超过规定范围，液晶态会消失，温度恢复后，它并不能恢复正常取向状态。所以 LCD 必须在许可温度范围内保存和使用。

⑤ 防止压力。如果在 LCD 上施加压力，会使玻璃变形，造成其间定向排列的液晶层混乱，所以在装配、使用时必须防止随便施加压力。

⑥ 此外还应注意 LCD 显示器的清洁处理，防止玻璃破裂、防潮等。

9.4.2 LCD 工作原理

LCD 液晶显示器类型很多，图 9-23 是几种液晶显示器的外形。根据不同的驱动方式，它可分为简单矩阵型和有源矩阵型两种。简单矩阵型液晶显示器 SM-LCD 为无源矩阵型液晶显示器。有源矩阵型液晶显示器 AM-LCD 有采用三端器件的（三极管式），也有采用二端器件的（二极管式）。液晶显示器属于被动发光型显示器件，它本身不发光，只能反射或透射外界光线，需另用电源。因此环境亮度愈高，显示愈清晰。

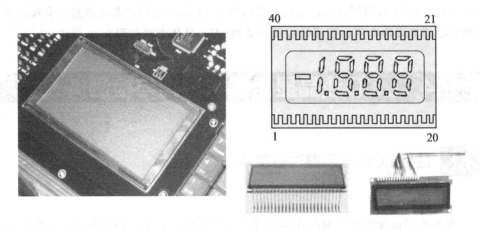

图 9-23　几种液晶显示器的外形

（1）LCD 液晶显示器的性能特点　　LCD 液晶显示器具有区别其他显示器件的独特优点，具体如下。

① 功耗低。极低的工作电压，一般为 3～6V，工作电流只有每平方厘米几个微安。因此液晶显示器可以和大规模集成电路直接匹配。可以用 CMOS、TTL 电路直接驱动。

② 平板型结构。液晶显示器基本结构是由两片玻璃组成的夹盒。这种结构的优点在于使用方便，可以在有效的面积上容纳最大量信息。体积小，重量轻，像素尺寸小，分辨率高。颜色分单色（黑白）、彩色两种。为便于夜间观察，可采用由 LED 或 ELD 器件构成的背景光源。

③ 被动显示。液晶显示器本身不发光而是靠调制外界光进行显示的。

④ 必须采用交流驱动方式。驱动电压波形为不含直流分量的方波或其他较复杂波形，频率约 30～300Hz。分静态驱动（方波驱动）、动态驱动（时分割法驱动）两种，后者是将 LCD 上的笔段分成若干组，再使各组笔段轮流显示。

⑤ 响应速度较慢，工作频率低，工作温度范围较窄（通常为 0～50℃）。

温度过高液晶会发生液化，甚至汽化，温度低于 0℃ 则会发生固化，都会降低寿命。此外还应避免在强烈日光下使用而导致早期失效（液晶屏变黑）。

假若采用直流电压驱动，就会使液晶材料发生电解，产生气泡，寿命缩短到 500 小时以下，仅为正常使用寿命的 1/40～1/10。

（2）LCD 液晶显示器工作原理　　目前数字仪表中大多采用向列型 LCD，其工作原理如图 9-24 所示。LCD 由偏光板 A、镀有透明导电膜的奈塞玻璃板 B、液晶、背面的公共电极 C（亦称背电极，符号为 BP）、偏光板 D 和漫反向玻璃 E 组成。

液晶材料被封装在 B、C 两板之间。偏光板 A、D 的作用是只允许沿板上箭头方向的偏振光通过。B 上加工有字形（图中用黑竖条表示数字 1），并且在字形上镀一层透明导电膜，无字处则不镀膜。入射光可以是太阳光之类的自然光。自然光有许多振动面，但偏光板 A 仅让垂直方向的偏振光透过。如果在 B 板的字形 1 与公共电极 C 之间加上电压，封装其内的液晶分子就会重新排列，除字形 1 的偏振面方向不变（图中虚线

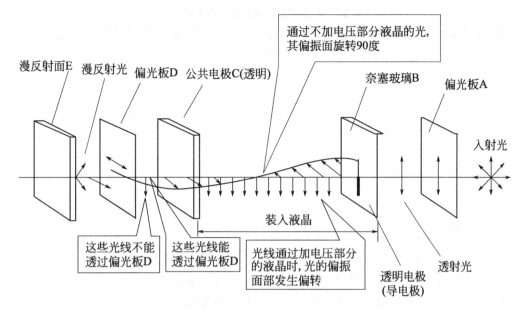

图 9-24　液晶显示器工作原理

箭头所示），其他光线的偏振面都要旋转 90°（图中水平方向实线箭头所示）。而偏光板 D 只让水平方向的光线透过，不让代表字形 1 的光线透过。水平光线经过漫反射玻璃 E，向右边发生漫反射，因此从右边看上去是亮区。鉴于字形 1 的光线不能反射回去，因此从右面看到的是暗区——黑色的数字 1。

9.4.3　LCD 液晶显示器的检测

以三位半静态液晶显示器为例，说明 LCD 显示器的引脚识别的几种方法。图 9-25 是三位半静态液晶显示器的示意图。该显示器的引脚如表 9-3 所列。

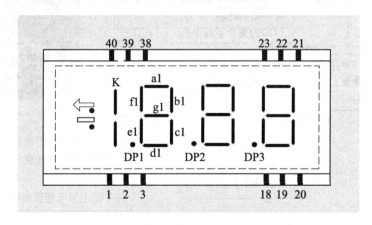

图 9-25　三位半静态液晶显示器的示意图

LCD 显示器的引脚识别和性能检测有加电显示法、感应电位检测法和数字表检测法。

表 9-3 三位半静态液晶显示器的引脚

1	2	3	4	5	6	7	8	9	10
COM	—	K					DP1	E1	D1
11	12	13	14	15	16	17	18	19	20
C1	DP2	Q2	D2	C2	DP3	E3	D3	C3	B3
21	22	23	24	25	26	27	28	29	30
a3	f3	g3	b2	a2	f2	g2	L	b1	a1
31	32	33	34	35	36	37	38	39	40
f1	g1						←	:	COM

利用数字万用表能迅速检查液晶显示器的质量好坏。若被检查的笔段不显示，说明该笔段已损坏；亮度很低，则表示显示器已接近失效。如果把某一位（千位除外）的全部笔段电极与导线Ⅱ接通，应显示数字"8"。具体方法如图 9-26 所示。

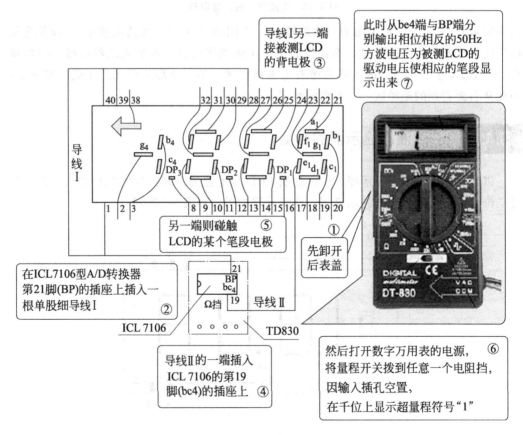

导线Ⅰ另一端接被测LCD的背电极 ③

此时从be4端与BP端分别输出相位相反的50Hz方波电压为被测LCD的驱动电压使相应的笔段显示出来 ⑦

另一端则碰触LCD的某个笔段电极 ⑤

在ICL7106型A/D转换器第21脚(BP)的插座上插入一根单股细导线Ⅰ ②

导线Ⅱ的一端插入ICL 7106的第19脚(bc4)的插座上 ④

先卸开后表盖 ①

然后打开数字万用表的电源，⑥将量程开关拨到任意一个电阻挡，因输入插孔空置，在千位上显示超量程符号"1"

图 9-26 使用数字万用表检查液晶显示器

还可以使用加电显示法来检测 LCD 的好坏。使用此方法时，直流电压不要长时间接入，以免损坏液晶显示器。如图 9-27 所示。

取两根导线、一组电池，一根导线接电池的负极另一端接处显示屏；　①

另一根导线接电池的正极另一端分别接触各引脚。②

这时与各被接触引脚有关系的笔段、位便在屏幕上显示出来。　③

如果遇到不显示的引脚，则该脚必为公共脚(COM端，一般LCD显示屏的公共脚有1～3个)　④

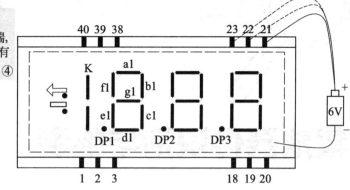

图 9-27　加电显示法

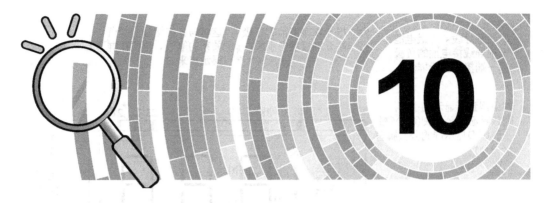

集成器件识别与检测

一、内容简介

学习通过外形特征和元件上的数据识别元件，怎样使用万用表检测元件的好坏。主要内容：

10.1 集成整流电路的识别与检测。在电子线路中获得直流电源，通常是通过整流电路，而整流电路中最主要的一个元器件就是整流桥。识别整流桥的引脚极性，使用万用表检测判断整流桥的好坏，是本节的主要内容。

10.2 常用三端稳压器的识别与检测。电子电路对于直流电源的要求比较高，因此仅由整流后得到的直流电源是达不到要求的，因此要使用稳压器件提高直流电源的质量。三端稳压器是常用的器件。本节只介绍常用的 78 系列和 79 系列三端稳压器引脚识别，和怎样使用万用表检测三端稳压器的好坏。

10.3 光电耦合器的识别与检测。介绍了光电耦合器的结构、工作原理和应用。还介绍了怎样识别光电耦合器的引脚极性？通过使用万用表测量光电耦合器的输入输出电阻，来判断其好坏。

10.4 555 电路的识别与检测。重点介绍了 555 电路的结构和引脚功能，怎样检测 555 电路的好坏，及 555 电路的简单应用。

10.5 集成运算放大器的识别与检测。集成电路一般都是多引脚器件，器件的封装不同，引脚的排列也不同，本节介绍了常用集成电路的引脚排列特征，使用万用表粗略判断集成电路的好与坏。

通过本章学习，对常用集成电路器件的用途和和检测方法有所了解。

二、学习建议

正确识别和检测集成电路器件的好与坏是一名维修电工必须具备的基本技能。通过学习 10.1～10.5 节的内容可以获得这些知识与技能。在学习时，应该对照实物进行，这种方法会使你很快掌握这些器件的特征。如果想熟练使用万用表检测这些器件，那么就必须先了解清楚这些器件的用途和结构。需要不断练习才能习得的。通过学习本章内容，可以帮助你走一些捷径。

三、学习目标

（1）了解各类常用集成元件的用途和结构特点。

（2）掌握使用万用表检测常用集成元件的方法。

10.1　集成整流电路引脚识别与检测

10.1.1　集成整流桥引脚识别

整流桥是一种有四个（或五个）引出端，能够将交流电变成直流电的器件。常用整流桥的外形如图 10-1 所示。

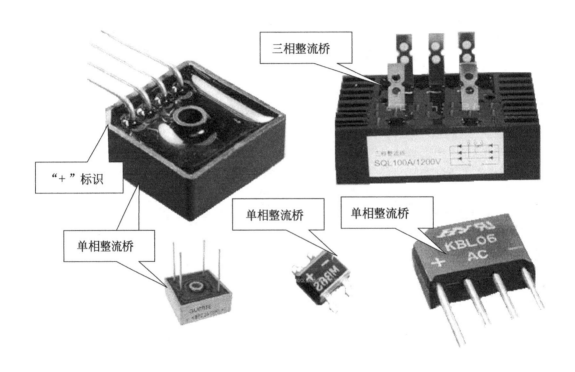

图 10-1　几种整流桥的外形

整流桥的功率有大小，选择时要考虑额定电压和电流值。对不同功率的整流桥，其安装和连接方式也不同。小功率整流桥的引脚可直接焊接在电路板上，同时也起到了固定作用。大功率整流桥的引脚要通过导线与线路板或线路连接，同时还要单独使用螺钉紧固安装。在使用这些器件时，要考虑元器件的使用温度，必要时一定要加装散热片，以保证元器件的可靠工作。安装时要注意引脚的极性，不能接错。在器件的外壳上都明确标注引脚功能，很容易识别，即使没有标识，也可以使用万用表判断其引脚的极性。

整流桥有单相整流桥和三相整流桥之分。单相整流桥由四个二极管接成桥式整流电路，并被封装在塑料或金属壳内。电路如图 10-2 所示。

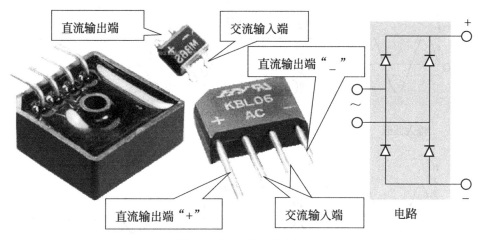

图 10-2 单相整流桥电路

三相整流桥由六个二极管接成桥式整流电路，并被封装在塑料或金属壳内。电路如图 10-3。

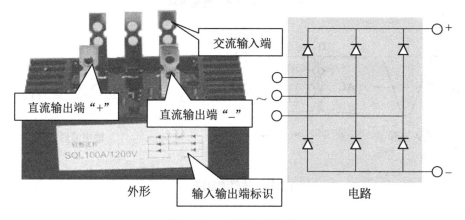

图 10-3 三相整流桥电路

10.1.2 整流电路的组成

整流电路就是使用二极管或二极管的组合，把交流电变成直流电的电路。图 10-4 是单相半波整流电路及输入输出波形图。两个电路都由变压器、二极管和电阻组成，所不同之处在于二极管的方向不一样。这就决定了电路所输出的直流电的极性就是相反的。这种电路输出直流电压的脉动系数比较大，只能作为对电源质量要求不高的简单电路提供电源。

图 10-5 是几种整流电路。

单相整流桥就是由四个二极管组成的整流电路。选择整流桥参数时，可参考二极管的参数，其主要参数有：额定正向整流电流和反向峰值电压。这两个参数一般标注在整流桥的外壳上。如 QL1A100 表示该整流桥的正向整流电流额定值为 1A，反向峰值电

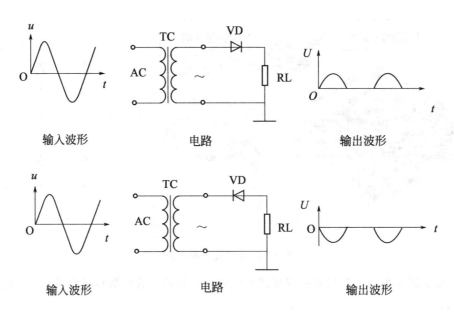

输入波形　　　电路　　　输出波形

图 10-4　单相半波整流电路

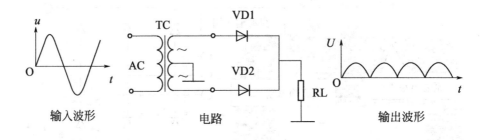

输入波形　　　电路　　　输出波形

(a) 单相全波整流电路

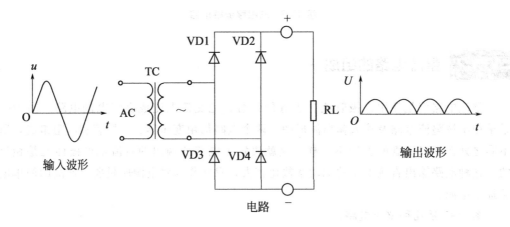

输入波形　　　电路　　　输出波形

(b) 单相桥式整流电路

图 10-5

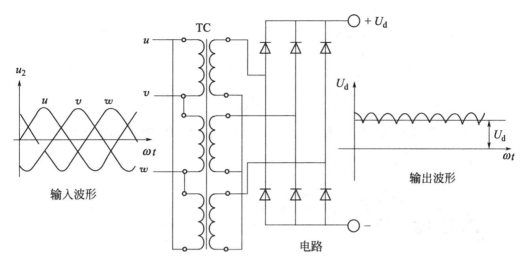

(c) 三相桥式整流电路

图 10-5 几种整流电路

压为 100V。如果在整流桥的外壳上标注为 QL2AH，则此整流桥的额定正向整流电流值为 2A，反向峰值电压为 600V。在这种标注中字母"H"表示电压等级。常用字母所代表的电压等级如表 10-1。

表 10-1 整流桥反向峰值电压等级

字母	A	B	C	D	E	F	G	H	I	J	L	M
电压/V	25	50	100	200	300	400	500	600	700	800	900	1000

10.1.3 使用万用表检测整流桥

整流桥的引脚极性，可以根据整流桥的封装识别整流桥引脚的极性。图 10-6 是常用整流桥引脚排列。

对于已经使用或标记模糊不清的整流桥，仅靠外部标记有时很难判断出引脚极性。更重要的是在日常使用中，要判断整流桥的好坏，我们就必须借助万用表才能做出准确判断。

（1）使用万用表判断整流桥的极性　使用万用表判断整流桥的正极、负极方法如图 10-7 所示。

第一步，选择万用表的电阻挡，把选择开关拨至 R×1k 挡位，黑表笔接触整流桥的任意一引脚，红表笔分别接触另外三个引脚，记得每次测得的电阻值，如果三次所测得的电阻值均为无穷大，那么，和表笔所接触的引脚就是整流桥的直流输出侧的"＋"极。如图 10-7 所示。

第二步，判断出整流桥直流侧"＋"极后，黑表笔接触整流桥的任意一引脚，红表笔分别接触另外三个引脚，记得每次测得的电阻值。如果有两次所得阻值相近似，而另

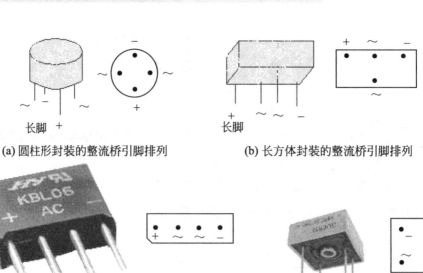

(a) 圆柱形封装的整流桥引脚排列　　　　(b) 长方体封装的整流桥引脚排列

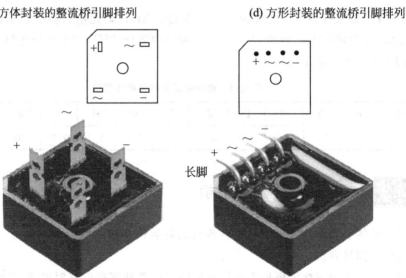

(c) 扁形长方体封装的整流桥引脚排列　　　(d) 方形封装的整流桥引脚排列

(e) 方形大功率单相整流桥引脚排列

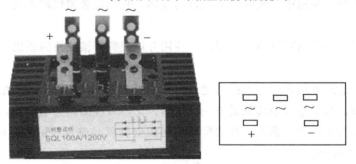

(f) 方形大功率三相整流桥引脚排列

图 10-6　整流桥引脚排列

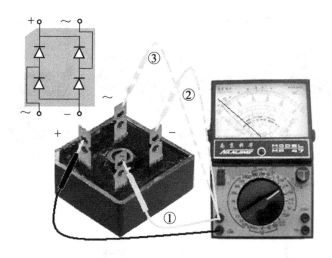

图 10-7   判断整流桥的正极

一次的阻值不同，此时，黑表笔所接的引脚就是整流桥直流侧的"－"极。如图 10-8
所示。

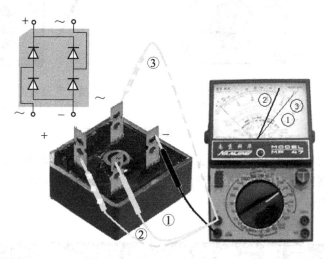

图 10-8   判断整流桥的负极

（2）使用万用表判断整流桥的好坏   整流桥两个交流输入端的电阻值为无穷大。当
测得交流输入端两引脚之间的电阻值只有几千欧姆时，说明整流桥中有的二极管已经被
击穿。当测得交流输入端两引脚之间的电阻值不是无穷大时，说明整流桥中有的二极管
漏电。

第一步，检测交流输入端的阻值。选用指针式万用表，把选择钮拨至 R×10k 挡
位。方法如图 10-9 所示。两只表笔分别接触交流输入引脚，测得一个阻值近似无穷大，
交换表笔再测量，结果仍然是近似无穷大，说明交流输入端基本正常（当然要排除断路
的特殊情况）。

第二步，检测直流输出端的阻值，方法如图 10-10。

图 10-9　检测交流输入端的阻值

将万用表拨至R×1k挡,两只表笔分别接直流
输出端的两个引脚,测量电阻值为无穷大。

交换表笔,测量直流输出端的
阻值为10kΩ左右。

图 10-10　检测直流输出端的阻值

当测得直流输出端两引脚之间的正向电阻值小于 6kΩ 时,说明整流桥中有的二极管已经损坏。当测得直流输出端两引脚之间的正向电阻值大于 10kΩ 时,说明整流桥中有的二极管可能阻值变大或已开路。

10.2　常用三端稳压器识别与检测

10.2.1　常用三端稳压器的基础知识

三端集成稳压器是目前广为应用的模拟集成电路。它具有体积小、重量轻、使用方便、可靠性高等优点。三端集成稳压器是将串联型稳压电源中的调整管、基准电压、取样放大、启动和保护电路等全部集成于一块半导体芯片上,其外部有三个引脚,故称为三端集成稳压器。三端集成稳压器可以分为三端固定输出稳压器和三端可调输出稳压器两大类。常用三端集成稳压器外形如图 10-11 所示。

常用三端固定输出稳压器有正电压输出的 CW78XX 系列和负电压输出的 CW79XX

图 10-11　三端集成稳压器外形

系列，每个系列均有 9 种输出电压等级：5V，6V，8V，9V，10V，12V，15V，18V，
24V。稳压器的输出电压是由其型号的后两位数字表示的，如 CW7805、CW7912 分别
表示输出为 +5V 和 -12V 的三端固定输出集成稳压器。

可调式三端稳压器，通过调节外接电阻能够在很大范围内连续调节其输出电压，如
CW117/CW217/CW317 和 CW137/CW237/CW337 系列可调式三端稳压器的输出电压
可分别在 1.25～37V 和 -1.25～-37V 范围内连续调节。图 10-12 是使用三端集成稳
压器制成的直流电源。图 10-13 是三端稳压器的典型应用电路原理图。

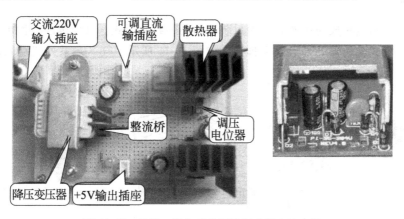

图 10-12　使用三端集成稳压器制成的直流电源

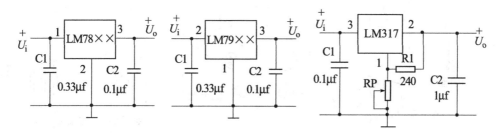

图 10-13　三端集成稳压器典型应用电路原理图

图 10-13 中 U_i 为来自整流滤波电路的电压，U_O 为稳压器输出电压，U_i 与 U_O 之差应不小于 2V，一般应在 5V 左右。C1 和 C2 用于改善纹波，C2 还可以改善稳压电路的瞬态响应。

CW317 可调稳压器的输出电压 U_O 为可调数值。通过调节电位器 RP 就能得到不同的稳定输出电压。

使用三端集成稳压器时要注意：输入端和输出端不能接反；在输入与输出端之间加保护二极管；满负荷时要加散热片。图 10-14 是适合三端集成稳压器使用的散热片。

图 10-14　适合三端集成稳压器使用的散热片

10.2.2　常用三端稳压器的引脚识别

常用三端固定集成稳压器有多种封装，不同的封装形式，其引脚的极性也不同，常用三端固定集成稳压器的外形及引脚极性如图 10-15 所示。78××系列三端固定集成稳

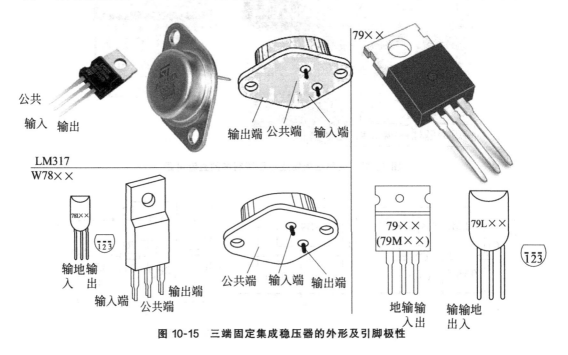

图 10-15　三端固定集成稳压器的外形及引脚极性

压器的外形与79××系列相同，但是他们的引脚极性却有很大不同，使用时要千万注意，不能用错。78××系列三端固定集成稳压器输出正电源，79××系列三端固定集成稳压器输出负电源。

三端可调式稳压器有正电压输出和负电压输出两种。使用方便，只需外接两个电阻，就能得到一定范围内可调的输出电压，而且内部保护齐全。

主要参数有：最大输出电压、输出电压、电压调整率、电流调整率、最小负载电流、调整电流、基准电压和工作温度。三端可调式稳压器不同的封装形式，其引脚极性排列如图 10-16 所示。

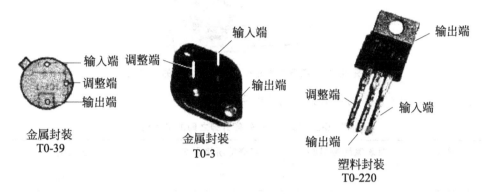

图 10-16 三端可调式稳压器引脚极性排列

10.2.3 使用万用表检测常用三端稳压器

使用万用表有两种方法可以测试三端稳压器。可以粗略判断三端稳压器的好坏。由电阻法和电压法两种方法。

（1）电阻法 使用此方法时，在测试之前要知道三端稳压器各引脚之间的正确电阻值。然后将实际测量值与之比较，判断三端稳压器的好坏。使用万用表按照表 10-2 中的连接方法测量 78×× 系列三端稳压器各引脚之间的电阻值。各生产厂家的产品是有差异的，即使是同一厂家的产品，由于生产批号不同也会存在差异。因此，测量得到的各引脚之间的电阻值与表 10-2 中所列数值可能不一样。

表 10-2 78××系列各引脚之间的电阻值

序号	黑表笔所接引脚	红表笔所接引脚	正常值
1	输入	地	15～50kΩ
2	输出	地	5～15kΩ
3	地	输入	3～6kΩ
4	地	输出	3～7kΩ
5	输入	输出	30～50kΩ
6	输出	输入	4.5～5.5kΩ

检测的具体方法如图 10-17。使用万用表 R×1k 挡位，按照表 10-2 所示连接关系，分别测量各引脚之间的电阻值，并与正常值比较判断。常用三端稳压器各引脚之间的电阻值可从生产厂商提供的技术数据中获得。

78××

图 10-17　测量三端稳压器各引脚之间的电阻值

表 10-3 是 79×× 系列各引脚之间的电阻值。

表 10-3　79×× 系列各引脚之间的电阻值

序号	黑表笔所接引脚	红表笔所接引脚	正常值
1	输入	地	4～5kΩ
2	输出	地	2.5～3.5kΩ
3	地	输入	14.5～16kΩ
4	地	输出	2.5～3.5kΩ
5	输入	输出	4～5kΩ
6	输出	输入	18～22kΩ

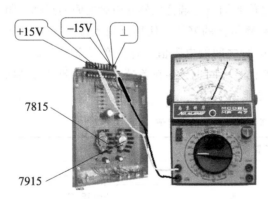

+15V　−15V　⊥

7815

7915

图 10-18　检测 LM7815 的输出电压

（2）电压法　此种方法简单实用又直观，就是在电路中，通电以后直接测量三端稳压器的输出电压值，看一看是否在标称值的允许范围内，如果符合要求，则说明稳压器是好的。如果超出标称值的±5％，说明稳压器性能不好或已经损坏。图 10-18 是检测 LM7815 的一个实例。检测时，必须先测量输入电压。输入电压值不能超过最大允许输入值。输入电压一般比输出电压的标称值至少高 3V。

将万用表功能选择钮拨至直流电压 50V 挡位，接通分电源后，红表笔接三端稳压器的输出端，黑表笔接三端稳压器的公共端，读表上的数值，并判断是否正常。

10.3 光电耦合器的识别与检测

10.3.1 光电耦合器的特性与应用

（1）线性光电耦合器特性　普通光电耦合器只能传输数字信号（开关信号），不适合传输模拟信号。线性光电耦合器能够传输连续变化的模拟电压或电流信号。其随着输入信号的强弱变化产生相应的光信号，可使光敏晶体管的导通程度产生变化，从而使输出的电压或电流也随之变化。

线性光电耦合器在各种要求比较精密的功能电路中，常常被当作耦合器件。其具有前后级电路完全隔离的作用。当输入端输入电信号时，发光器发出光线，照射在受光器上。受光器接受光线后导通，产生光电流从输出端输出，从而实现了"电-光-电"的转换。

（2）光电耦合器的应用　光电耦合器具有较强的抗干扰性能和隔离性能，采用光电耦合器设计的逻辑电路稳定性较强，同时可以确保传输的信号不失真。图 10-19 是使用光电耦合器组成的逻辑电路。

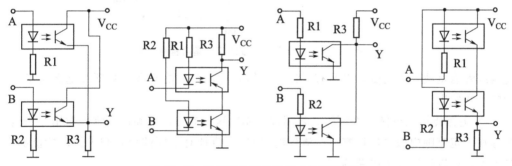

图 10-19　使用光电耦合器组成的逻辑电路

在开关电路中，采用光电耦合器设计的开关控制电路稳定性较强，可以避免因开关隔离性能不良而对电器元件产生电流冲击。将光电耦合器用于双稳态输出电路，并把发光二极管分别串入两管发射极回路，可有效地解决输出与负载隔离的问题。图 10-20 是使用光电耦合器组成的隔离电路。

光电耦合器应用于数字电路，可以放大脉冲信号。线性光电耦合器应用于线性电路中，具有较高的线性度以及优良的电隔离性能，且在隔离模拟量时具有稳定可靠的优点。图 10-21 使用光电耦合器组成的双向晶闸管触发电路。

（3）使用时要注意的事项　在使用光电耦合器时，必须正确选择线性光电耦合器的型号及参数。

① 电流传输比在允许范围。光电耦合器的电流传输比 CTR 的允许范围为 $50\%\sim200\%$。当 $CTR<50\%$ 时，光电耦合器中的 LED 需要较大的工作电流，才能正常控制单片开关电源 IC 的占空比，此时光电耦合器的功耗会增大。若 $CTR>200\%$，在启动

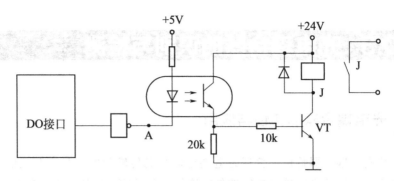

图 10-20　使用光电耦合器组成的隔离电路

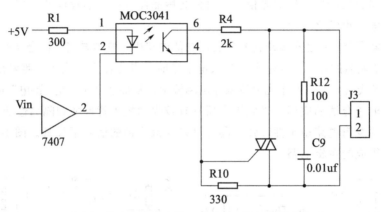

图 10-21　使用光电耦合器组成的双向晶闸管触发电路

电路或者当负载发生突变，以及有外接干扰信号时，有可能导致单片开关电源误触发，影响正常输出。

②　电流传输比可做线性调整。采用线性光电耦合器时，要确保电流传输比 CTR 值能够在一定范围内做线性调整。电流传输比 CTR 值针对不同的设备和工作环境能够自如调整，可以保证输出电路的可靠性。

国内市场上的 4N×× 系列（如 4N25、4N26、4N35）光电耦合器多呈现开关特性，线性度较差。其虽可以满足传输数字信号（高、低电平）的要求，但用在开关电源中的可靠性则难以保证。

③　使用时还要注意光电耦合器的输出类型。光电耦合器有：光敏器件输出型、NPN 三极管输出型、达林顿三极管输出型、逻辑门电路输出型、低导通输出型、光开关输出型、功率输出型。图 10-22 是几种常用光电耦合器的类型。

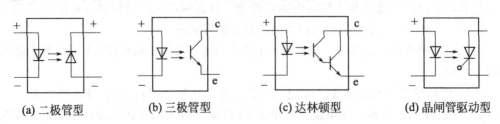

(a) 二极管型　　(b) 三极管型　　(c) 达林顿型　　(d) 晶闸管驱动型

图 10-22　几种常用光电耦合器的类型

在使用时，还要考虑是低速光电耦合器，还是高速光电耦合器。同时注意工作电压，一般低电源电压型光电耦合器的工作电压为：5～15V。高电源电压型光电耦合器的工作电压一般大于30V。常用光电耦合器外形如图10-23所示。

图 10-23　常用光电耦合器外形

10.3.2　光电耦合器原理

（1）光电耦合器的结构　光电耦合器是以光为媒介传输电信号的一种电-光-电转换器件。其结构如图10-24所示。它由发光源和受光器两部分组成。把发光源和受光器组装在同一密闭的壳体内，彼此间用透明绝缘体隔离。发光源的引脚为输入端，受光器的引脚为输出端，常见的发光源为发光二极管，受光器为光敏二极管、光敏三极管等。

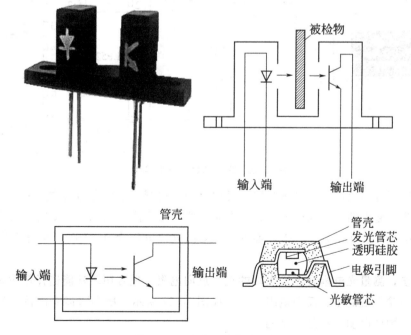

图 10-24　光电耦合器的结构

（2）光电耦合器的工作原理　图 10-25 是光电耦合器的工作原理示意。在光电耦合器输入端加电信号使发光源发光，光的强度取决于激励电流的大小，此光照射到封装在一起的受光器上后，因光电效应而产生了光电流，由受光器输出端引出，这样就实现了电-光-电的转换。

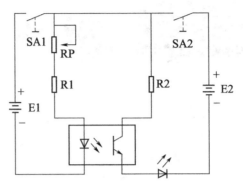

图 10-25　光电耦合器的工作原理示意

10.3.3　使用万用表检测光电耦合器

（1）光电耦合器的引脚识别　图 10-26 是几种常用光电耦合器引脚排列，由图可知从外壳很容易识别各个引脚的极性。

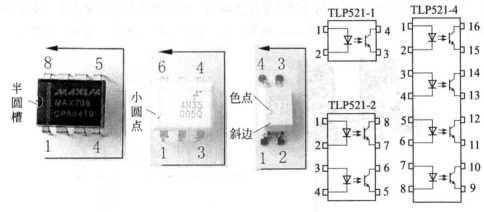

图 10-26　光电耦合器引脚排列

（2）使用万用表检测光电耦合器　可用万用表检测光电耦合器引脚阻值，判断它是否损坏。测量输入端的正反向电阻。检查时，要注意不能使用 R×10k 挡，因为发光二极管工作电压一般在 1.5～2.3V，而 R×10k 挡电池电压为 9～15V，会导致发光二极管击穿。

第一步，测量光电耦合器输入端的正、反向电阻。把万用表功能选择钮拨至 R×1k 挡位，测量输入端的正、反向电阻，方法如图 10-27 所示。所测阻值应该符合发光二极管的特点，则说明输入端是正常的。

第二步，测量光电耦合器输出端的集电结与发射结的正、反向电阻。把万用表功能

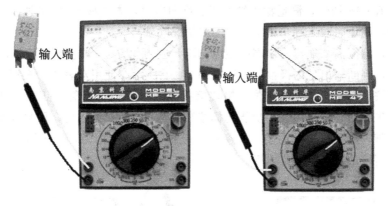

图 10-27 测量输入端的正、反向电阻

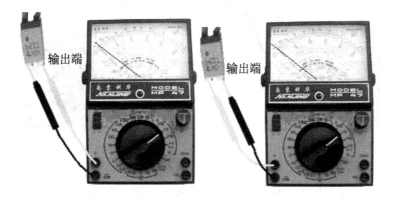

图 10-28 测量输出端的正、反向电阻

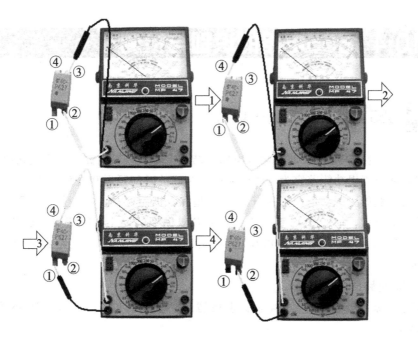

图 10-29 检测输入端与输出端的绝缘电阻

选择钮拨至 R×1k 挡位，测量输出端的正、反向电阻，方法如图 10-28 所示。所测阻值均为无穷大，则说明输入端是正常的（断路情况除外）。

第三步，检测输入端与输出端的绝缘电阻，应为无穷大。方法如图 10-29。

第四步，判断输出端的极性。方法如图 10-30 所示。使用双表法，先把一块万用表的功能选择按钮拨至 R×1 的挡位，黑表笔接输入端发光二极管的正极，红表笔接负极。同时，先把另一块万用表的功能选择按钮拨至 R×100 的挡位，两只表笔任意接触输出端的引脚，测量输出端的阻值，交换表笔再测量一次阻值，其中阻值较小的那一次，黑表笔所接的引脚就是集电极。

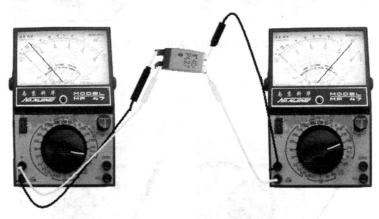

图 10-30　判断输出端的极性

当光电耦合器中的发光二极管或光敏三极管只要有一个元件损坏，或者它们之间绝缘不良，则该光电耦合器不能正常使用。

10.4　555电路的识别与检测

10.4.1　555 电路结构及端子功能

（1）555 电路结构　555 时基集成电路在结构上是由模拟电路和数字电路组合而成，它将模拟功能与逻辑功能兼容为一体能够产生精确的时间延迟和振荡。最大输出电流达 200mA，带负载能力强。电路形式有 CMOS 型和双极型两种。在一般情况下 CMOS 型可直接替代双极型，但 CMOS 型的驱动电流较双极型的要小，阈值端、触发端和复位端的输入阻抗高达 $10^{10}\,\Omega$，电源电压适用范围为 2～18V。555 电路封装及引脚如图 10-31所示。

（2）555 电路的端子功能

① V_{CC} 电源引出端，外接正电源。双极型 555 可外接 4.5～16V，CMOS 型 555 可接 3～18V，

② GND 电源参考点，通常接地。

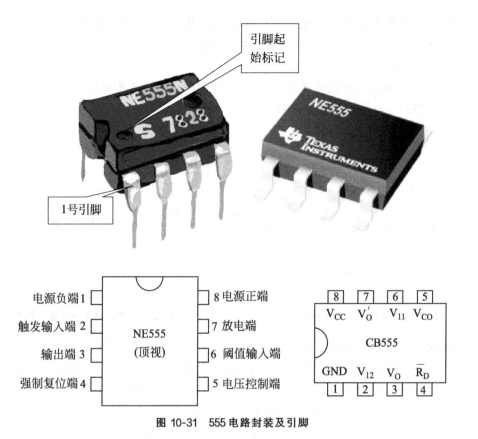

图 10-31 555 电路封装及引脚

③ 触发端（TR）：当该端的电压低于 $1/3V_{cc}$ 时，使输出端处于逻辑高电平，该端允许外加电压范围为 $0 \sim V_{cc}$。

④ 阈值电压端（TH）：当该端的电压低于 $2/3V_{cc}$ 时，使输出端处于逻辑低电平，该端允许外加电压范围为 $0 \sim V_{cc}$。

⑤ 控制电压端（V_{CO}）：若在该端加入外部电压，可以改变产生的脉冲宽度或频率。当不用时，应在该端与地之间接一只 0.01Mf 的电容。

⑥ 强制复位端（RD）：当该端外加电压为低于 0.4V，即为逻辑低电平时，定时过程中断。不论 R、S 端处于何种电平，电路均处于复位状态，即输出为"0"。该端允许外加电压范围为 $0 \sim V_{cc}$。不用时与 V_{cc} 相连。

⑦ 放电端（DISC）：该端与放电管相连。放电管为发射极接地的开关控制器，用作定时电容的放电。

⑧ 输出端（V_O）：电路连接负载端，通常该端为低电平，在定时期间为高电平。

10.4.2 检测 555 电路好坏及 555 电路的应用

（1）检测 555 电路 使用万用表很难检测 555 电路的好坏。可以按照图 10-32 接简易的测试电路，来检测 555 电路的好坏。在图中，如果 555 电路是好的发光二极管就会闪烁。因为，当外加信号 u_i 经电容 C1、电阻 R1 组成的微分电路加至 555 的 2 号引脚时，负向脉冲使 555 置位，3 号引脚输出暂稳态脉冲，其宽度为：1.1RC。

（2）555 电路的应用

① 由 555 构成的占空比可调方波发生器。图 10-33 是 555 构成的占空比可调方波发生器。当电路加上电源电压时，电路就振荡。

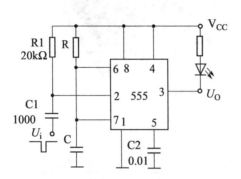

图 10-32　检测 555 电路的好坏　　　图 10-33　占空比可调方波发生器图

刚通电时，电容 C 上的电压不能突变，555 的 2 号引脚的电平为低电位，555 处于复位状态，3 号引脚输出为高电平。电容 C1 经由电阻 R_A、VD1 被充电，充电时间为 $0.693R_AC$。当 C 上的电压达到 $2/3V_{cc}$ 时，555 被复位，3 号引脚输出为低电平，此时，通过二极管 VD2、R_B 和 555 的内部放电，放电时间：$0.693R_BC$。其占空比为 $R_A/(R_A+R_B)$。调解电位器 R_{W1} 至上端，占空比约为 8.3%，调解电位器 R_{W1} 至下端，占空比约为 91.7%。

② 由 555 构成的自动充电电路。图 10-34 是由 555 构成的自动充电电路。图中二极管 VD1 是防止电池向 555 放电；电阻 R5 是 555 输出的限流电阻；稳压管 VZ 用于 555 的 5 号引脚的稳压。

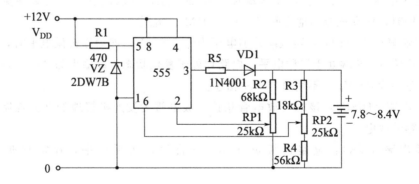

图 10-34　自动充电电路

③ 使用 555 电路控制直流电动机。图 10-35 是使用 555 电路控制直流电动机的原理。在图中，555 电路 3 号脚输出脉冲，作为场效应管栅极信号，控制场效应管的导通与截止来使直流电动机的电枢得电或失电。

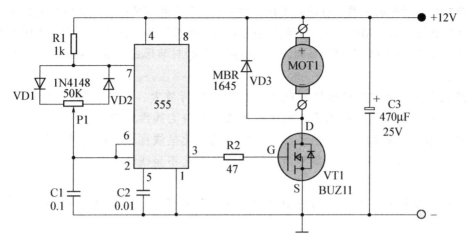

图 10-35　使用 555 电路控制直流电动机原理

10.5　集成运算放大器的识别与检测

10.5.1　模拟运算放大器封装形式与引脚识别

集成电路就是采用特殊工艺，将晶体管、电阻、电容等器件集成制作在一块硅片上，形成具有指定功能的器件。集成电路有各种类型，可分为模拟和数字两种。模拟集

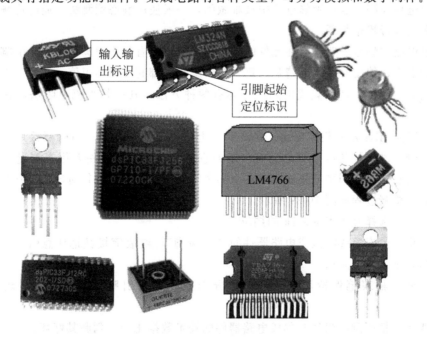

图 10-36　常见集成电路的几种外形封装

成电路主要有运算放大器、直流稳压器、功率放大和专用集成电路。数字集成电路主要用来处理和储存数字信号，主要有组合逻辑电路和时序逻辑电路两种。实际工作中经常用到的有 TTL 和 CMOS 两大系列。集成电路有各种封装形式，图 10-36 是常见的几种外形封装。

模拟集成电路就是以电压或电流为模拟量进行放大、转换、调制的集成电路。以输入信号与输出信号的关系，把模拟集成电路分为线性集成电路和非线性集成电路。线性集成电路就是输出信号与输入信号的变化呈线性关系的电路，如运算放大器。非线性集成电路是输出信号与输入信号的变化不呈线性关系的电路，如电压比较器。

（1）引脚识别　集成电路的封装材料及外形有多种。最常用的封装如图 10-37 所示。

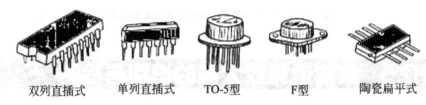

双列直插式　　单列直插式　　TO-5型　　F型　　陶瓷扁平式

图 10-37　集成电路常见封装形式

集成电路的引脚数量有多种，排列顺序根据封装的不同而不同。为了能正确安装、调试与维修，必须能够正确识别引脚的排列顺序，引脚识别如图 10-38 所示。

（2）集成电路的检测方法　集成电路在往印制电路板上焊接前应先进行测试，证明其性能良好，然后再进行焊接。检测方法有多种，一般按制造厂商给定的测试电路和条件，逐项进行检测。但在维修过程中很难做到，一般使用静态检测法、通电检测法和万用表检测法进行粗略判断。

集成电路的型号一般都印在元件的表面，集成电路有很多引脚，每一个引脚都有固定的功能定义，使用时必须弄清楚。每一个引脚对地都有一定的阻值，在集成电路的主要技术数据中体现。判断集成电路的好坏有两种方法，其一是直流电阻法，其二是电压法。

① 直流电阻法检测集成电路。在线路板上，集成电路总有一引脚要接地，我们称之为接地脚。该脚与其他引脚之间有一定的直流电阻。可以使用万用表测量这个电阻值，然后与已知正常同型号集成电路各引脚之间的直流电阻值进行对比，来判断集成电路的好坏。检测过程如图 10-39 所示。

第一步，选择万用表 R×1k 的挡位。

第二步，黑表笔接触集成电路器件的"接地脚"，红表笔接其他任意引脚，测得一个电阻值，记录此电阻值。

第三步，黑表笔保持不动，红表笔分别接其他各引脚，逐一测得电阻值，并记录。

第四步，把所测电阻值与集成电路器件的技术数据比较，判断其好坏。

如果在线路板上检测集成电路，必须先断开电源，然后再测量。在线路板上检测集

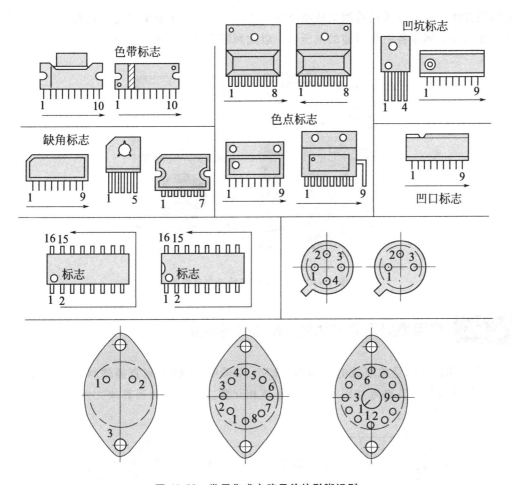

图 10-38 常用集成电路元件的引脚识别

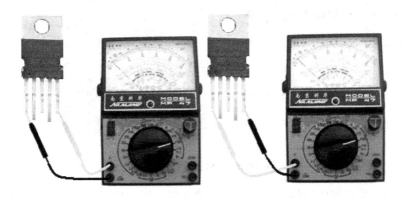

图 10-39 直流电阻法检测集成电路

成电路可不把芯片从电路上拆下来，只需将电压或在路电阻异常的脚与电路断开，再测量该脚与接地脚之间的正、反向电阻值便可粗略判断其好坏。

② 通电检测集成电路（电压法）。是通过万用表检测集成电路在电路中对地交、直流电压及工作电流是否正常，来判断该集成电路是否损坏。这种方法是检测集成电路最

常用的方法。直流电压法检测集成电路如图 10-40 所示。在通电状态下，使用万用表直流电压挡位，测量各引脚对地的电压值，以此判断集成电路的好与坏。

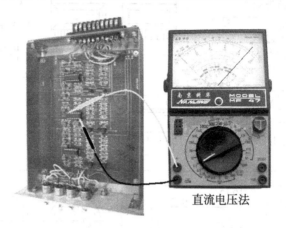

直流电压法

图 10-40　直流电压法检测集成电路

10.5.2　常用模拟运算放大器 LM324 的检测

（1）LM324 四运放集成电路结构。LM324 采用 14 脚双列直插塑料封装。内部有四个运算放大器，除电源共用外，四组运放相互独立。每一组运算放大器可用如图 10-41 所示的符号来表示。

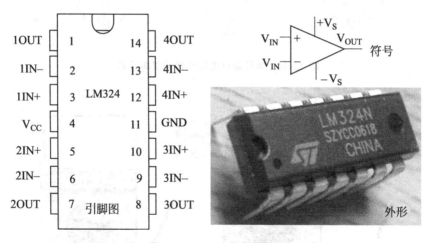

图 10-41　LM324 引脚排列

它是一个五端引脚的器件，有 2 个电源输入端，用 $+V_S$ 和 $-V_S$ 表示，2 个输入端 V_{IN}，用"＋"和"－"表示，1 个输出端 V_{OUT}。"＋"输入端 V_{IN} 称为同相端，"－"输入端 V_{IN} 称为反相端。当信号从同相端输入时，输出端的输出信号与输入端的信号极性相同，而输入信号如果是从反相端输入的，则输出端的输出信号与输入端的信号极性相反。即正（或负）信号从同相端输入时，输出的信号仍然为正（或负）；正（或负）信号从反相端输入时，输出的信号则为负（或正）。

LM324 工作电压范围宽,可用正电源 3～30V,或正负双电±1.5V～±15V 工作。它的输入电压可低到地电位,而输出电压范围为 0V 到电源电压。由于 LM324 运放电路具有电源电压范围宽,静态功耗小,可单电源使用,价格低廉等特点,因此被非常广泛地应用在各种电路中。

(2)使用万用表检测 LM324

第一步,使用万用表测量 LM324 引脚间电阻值。用万用表电阻挡分别测出 LM324 的各运放引脚的电阻值,不仅可以判断运放的好坏,而且还可以检查内部各运放参数的一致性。测量方法如图 10-42 所示。

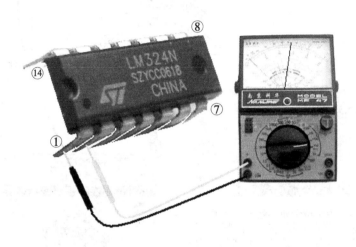

图 10-42 测量 LM324 引脚间电阻值

表 10-4 是实测的 LM324 一组运放各引脚间的正常电阻值,检测时可以参考此数值,对 LM324 的好坏及性能进行判断。

表 10-4 LM324 一组运放各引脚间的正常电阻值

序号	黑表笔	红表笔	正常阻值
1	地	正电源输入端	$4.5\sim6.5\mathrm{k}\Omega$
2	正电源输入端	地	$16\sim17.5\mathrm{k}\Omega$
3	输出端	正电源输入端	$21\mathrm{k}\Omega$
4	输出端	地	$59\sim65\mathrm{k}\Omega$
5	正电源输入端	同相输入端	$51\mathrm{k}\Omega$
6	正电源输入端	反相输入端	$56\mathrm{k}\Omega$

第二步,检测放大能力。方法如图 10-43。

将LM324接上±15V电源,万用表置于直流50V电压挡。

首先,使集成运放LM324输入端开路,运放处于截止状态,这时输出端1脚对负电源11脚的电压约为20～25V。

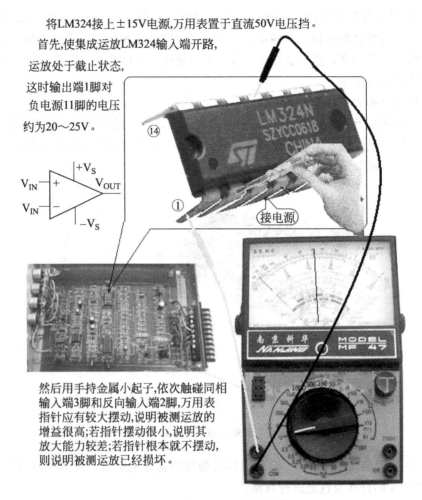

然后用手持金属小起子,依次触碰同相输入端3脚和反向输入端2脚,万用表指针应有较大摆动,说明被测运放的增益很高;若指针摆动很小,说明其放大能力较差;若指针根本就不摆动,则说明被测运放已经损坏。

图 10-43　检测 LM324 的放大能力